NOUVELLES OBSERVATIONS

DE M. LE DUC DE GUICHE

SUR

L'AMÉLIORATION

DES RACES

DE CHEVAUX

EN FRANCE.

PARIS,

GUIRAUDET, IMPRIMEUR,

RUE SAINT-HONORÉ, N° 315.

—

1830.

NOUVELLES OBSERVATIONS

DE M. LE DUC DE GUICHE

SUR

L'AMÉLIORATION

DES RACES

DE CHEVAUX

EN FRANCE.

Lith. de Villain.

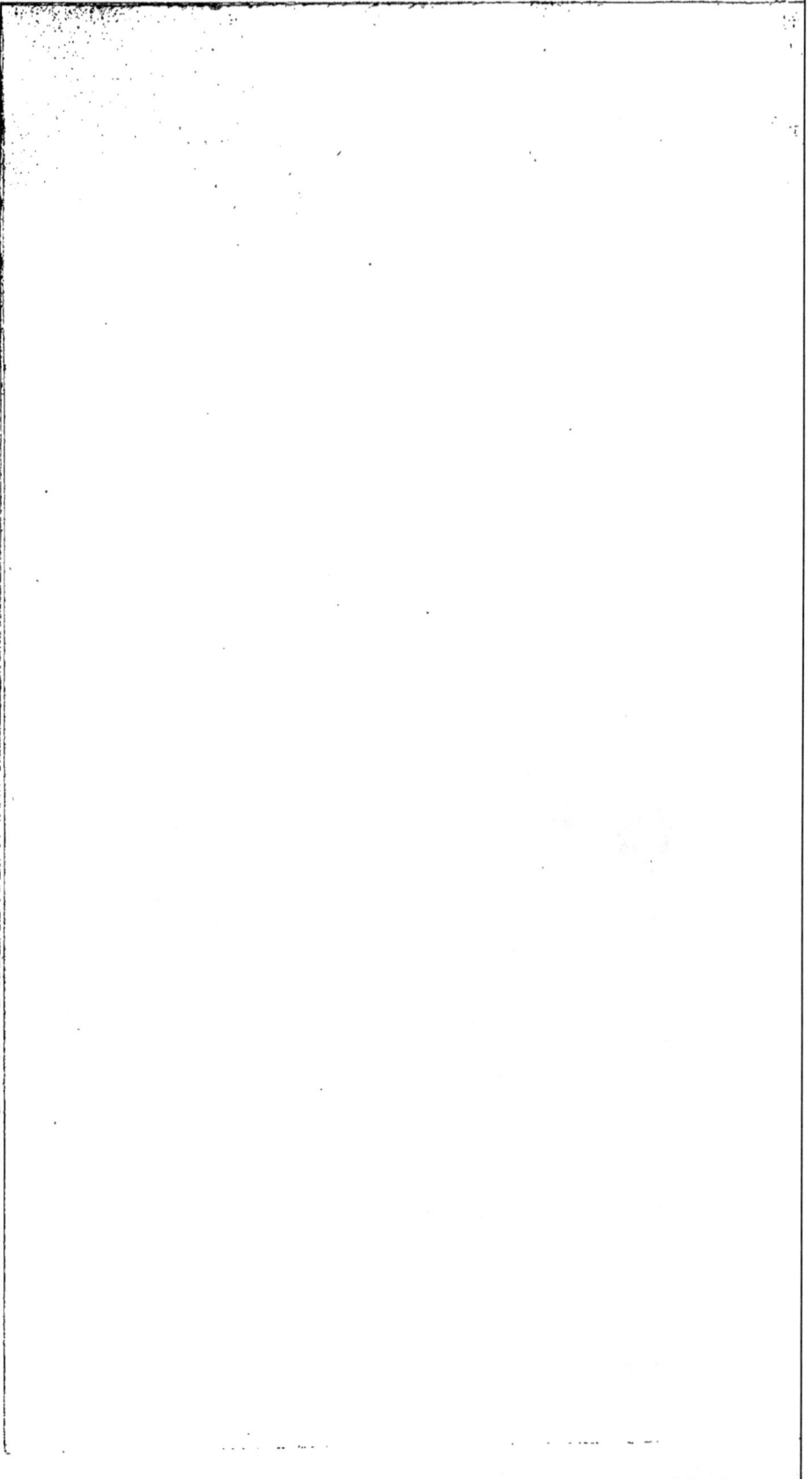

NOUVELLES OBSERVATIONS

DE M. LE DUC DE GUICHE

SUR

L'AMÉLIORATION

DES RACES

DE CHEVAUX

EN FRANCE.

By a judicious admixture, and proportion of blood, we have rendered
our hunters, our hackneys, our coach, nay even our cart horses,
much stronger, more active, and more enduring than they were
before the introduction of the race horse or blood horse.

THE FARMER'S SERIES Nº 1, Chapter III,
History of the english horse.

En admettant une proportion convenable de pur sang, par le moyen
des croisements ou du métissage, nous sommes parvenus à rendre
nos chevaux de chasse, nos chevaux de promenade et de guerre,
nos chevaux de voiture, et même nos chevaux de gros trait, plus
forts, plus actifs, plus légers, et plus propres à endurer la fatigue,
qu'ils ne l'étaient avant l'introduction du cheval de course ou
cheval de pur sang.

THE FARMER'S SERIES Nº 1, Chapter III,
Histoire du cheval anglais.

PARIS,

GUIRAUDET, IMPRIMEUR,

RUE SAINT-HONORÉ, Nº 315.

—

1850.

If we were composing a treatise on the horse, adapted for general readers, we should commence with the racer, or thorough-bred horse which, if it be not considered as the parent of every other breed, yet enters into, and adds, or often gives the only value to it.

THE FARMER'S SERIES N° I, Chapter IV,

The different breeds of english horses.

Si nous nous étions proposé de composer un Traité sur le Cheval, à la portée de l'intelligence de tout lecteur, nous aurions dû commencer par le cheval de course ou cheval de pur sang, lequel, s'il n'est pas considéré comme apparenté d'une manière très proche à toutes les autres races, entre pourtant pour beaucoup dans leur valeur, augmente leur mérite, ou le plus souvent même est la seule cause de leur valeur.

THE FARMER'S SERIES N° I, Chapter IV,

Des différentes races de chevaux anglais.

NOUVELLES OBSERVATIONS

DE M. LE DUC DE GUICHE

SUR

L'AMÉLIORATION

DES RACES

DE CHEVAUX EN FRANCE

Notre premier mémoire sur l'amélioration des races de chevaux ayant été accueilli avec quelque intérêt, nous avons pensé qu'il était de notre devoir de terminer autant qu'il était en nous la tâche que nous nous étions imposée.

Nous avons déja établi que la France produisait, à peu près, le nombre de chevaux nécessaires à ses besoins; que, les importations diminuant chaque année, nous pouvions espérer d'être bientôt affranchis d'un tribut que nous avons payé trop long-temps à l'étranger; que dès lors c'était plutôt vers le perfectionne-

ment que vers la multiplication de l'espèce chevaline que devaient se diriger les soins de l'administration. Cette vérité a été unanimement
reconnue dans les séances de la chambre des
députés du 16 et du 17 juin 1829. Toutefois les
orateurs qui ont été entendus dans cette circonstance ne nous paraissent pas avoir posé la
question en termes assez précis, soit qu'ils aient
pensé qu'on ne dût pas aborder à la tribune
les détails didactiques dans lesquels il eût été
nécessaire d'entrer; soit qu'ils aient voulu laisser
au gouvernement du Roi l'initiative des mesures
à adopter; soit enfin qu'ils ne fussent pas encore
eux-mêmes pénétrés du principe dont l'application peut seule, à notre avis, régénérer l'espèce
de nos chevaux. Pour nous, placé par les bontés
de Monsieur le Dauphin à la tête de ses haras,
éclairé par une pratique et des observations
journalières, et, plus que tout, animé du désir
de répondre à cette auguste confiance et de
nous rendre digne d'une telle faveur, nous
croyons devoir livrer au public une opinion
fondée sur l'exemple d'une nation voisine, dont
la supériorité à cet égard ne saurait être contestée, et sur quelques résultats que nous avons
nous-même obtenus, et que nous ne citons avec

quelque assurance, que parce qu'ils sont un nouveau témoignage de l'intérêt particulier et de la haute protection que Son Altesse Royale daigne accorder à une branche d'industrie qui tient de si près aux besoins de l'agriculture et du commerce, à la défense de l'Etat, en un mot, à la dignité de la couronne.

L'ensemble de nos observations se divise en huit chapitres :

Dans le 1ᵉʳ nous cherchons à démontrer que le cheval de *pur sang* est le type régénérateur qui doit être seul employé pour améliorer la race des chevaux légers, et qu'il est indispensable de créer un certain nombre de haras de *pur sang*.

Le 2ᵉ chapitre est consacré aux détails de l'établissement d'un *haras-modèle*.

Dans le chapitre 3 nous entrons dans le détail du choix de l'étalon et de la jument poulinière.

Dans le chapitre 4 nous donnons quelques règles sur les accouplemens.

Dans le chapitre 5 nous traitons des croisemens ou du *métissage* à l'aide des dépôts d'étalons.

Le chapitre 6 est consacré à l'examen des soins à donner à l'étalon et à la jument.

Le chapitre 7 traite de l'éducation des élèves.

Enfin le chapitre 8 traite des prairies naturelles et artificielles, principale base du régime alimentaire des chevaux.

CHAPITRE PREMIER.

DE LA NÉCESSITÉ DE RECOURIR AU CHEVAL DE PUR
SANG ET DE CRÉER UN CERTAIN NOMBRE DE HARAS
POUR AMÉLIORER LA RACE DE NOS CHEVAUX LÉ-
GERS.

Nous croyons avoir démontré, dans notre
premier mémoire, par l'exemple de l'Angleterre,
que le seul moyen de perfectionner chez nous
la race du cheval léger était de recourir au *type
régénérateur*, au *cheval d'orient*. Nous avons
fait remarquer en même temps que le cheval
anglais de *pur sang*, c'est-à-dire né en Angleterre et provenant d'origine arabe sans mélange
de sang étranger, devait être préféré au cheval
arabe lui-même, parce qu'en conservant la pu-
reté de sa race, il avait acquis une taille plus
élevée, des formes qui le rendaient plus propre
à nos besoins, et par conséquent plus précieux.
Nous avons ajouté qu'en employant des étalons
de *pur sang*, nous gagnerions tout le temps

qu'on a mis en Angleterre à modifier convenablement et à approprier à nos besoins la stature,
la conformation et les qualités du cheval arabe.

Jusqu'à présent l'administration des haras, et
presque tous les propriétaires d'étalons, paraissent, il faut le dire, avoir méconnu ce principe
et avoir cru qu'il suffisait de se procurer des
sujets distingués par des formes régulières, à
quelque race d'ailleurs qu'ils appartinssent.
Ainsi voit-on dans les établissemens de l'état, et
chez les particuliers, des étalons provenant de
croisemens qu'il est souvent bien difficile de
caractériser. De là naît un mélange, une confu-
sion des races, qui est la principale cause de la
dégénérescence des chevaux.

On sent, en effet, qu'avec l'incertitude qui
existe sur l'origine des étalons, il est bien difficile à l'éleveur de se livrer à un système raisonné
de croisement, qui puisse produire quelque
amélioration. Si à cela on ajoute le défaut de
preuves de force et de vitesse de la part de
l'étalon qui n'est soumis à aucun essai et qui ne
doit la préférence qu'il a obtenue qu'à ses formes, on pourra se faire une idée de l'embarras
dans lequel doit se trouver tout propriétaire de
jumens, au moment de les faire saillir. C'est

encore là une cause du peu de succès qu'on a obtenu dans la reproduction et du découragement qui se manifeste chez la plupart des éleveurs. Rien ne saurait suppléer au manque de *sang*, et si cette vérité pouvait être contestée, ce qui se passe sous nos yeux, malgré tous les soins de l'administration, suffirait pour lever tous les doutes.

Nous pensons donc, et en cela nous sommes d'accord avec la plupart des auteurs modernes, qu'il faut nécessairement recourir au cheval de *pur sang* pour améliorer la race du cheval léger.

Nous avons dit qu'il était indispensable d'avoir un certain nombre de haras destinés à fournir des étalons de pur sang. Nous ne saurions à cet égard partager l'avis de ceux qui pensent que le gouvernement ne doit pas s'occuper de la création de ces établissemens, et qu'il vaut mieux laisser aux particuliers le soin de se pourvoir d'étalons convenables. Tout en reconnaissant ce principe essentiel d'économie politique, *que l'autorité ne doit point intervenir dans les intérêts privés*, nous pensons néanmoins que toutes les fois qu'une industrie naissante exige l'emploi de capitaux considérables, et que les particuliers qui s'y livrent peuvent être exposés, avant d'avoir complètement réussi, à des pertes d'argent, le gouvernement, qui n'a pas les mêmes sujets de crainte, et qui est appelé à défendre et à protéger les intérêts généraux du pays, doit donner l'exemple, et se mettre lui-même, lorsqu'il le peut, à la tête de l'entreprise, jusqu'à ce que l'industrie particulière, assez éclairée sur ses véritables intérêts et sur les moyens de les assurer, puisse marcher sans appui.

Les étalons de pur sang sont fort chers, leur entretien exige des soins et des précautions multipliés, le plus souvent hors de proportion avec ce que peut entreprendre un propriétaire. Il est d'ailleurs impossible que nous puissions nous procurer en Angleterre assez de sujets. Il faut donc renoncer à toute amélioration, si nous ne faisons naître chez nous un nombre suffisant de chevaux de pur sang pour pourvoir aux besoins de la reproduction.

Loin de croire qu'il soit convenable d'éloigner les particuliers de ce genre de spéculation, nous pensons qu'ils doivent être encouragés, secondés par le gouvernement; mais nous persistons dans l'opinion que nous avons déjà émise, qu'il appartient au Roi de donner la première impulsion, et que l'administration des haras doit suivre cet exemple et consacrer la plus grande partie des fonds qui lui sont accordés à la création de haras.

Les observations qui font le sujet de ce mémoire, étant générales, trouveront leur application dans toutes les localités; chacun pourra y puiser les renseignemens dont il aura besoin; notre but a été d'écrire pour celui qui aurait le désir de se livrer à l'*Elève des chevaux* en grand, aussi bien que pour celui auquel ses goûts ou sa position ne permettent d'avoir qu'un petit nombre de jumens poulinières.

Nous ne répéterons pas ici tout ce qui a été écrit à ce sujet, et, renvoyant nos lecteurs aux ouvrages les plus estimés qui traitent de cette matière, nous nous bornerons à indiquer les principes généraux qni nous ont servi de guide dans la pratique; et si, grace à l'active et puissante protection de Monsieur le Dauphin, nous avons obtenu quelque succès dans l'administration de ses haras de Meudon et de Saint-Cloud, nous serons heureux de pouvoir faire profiter les éleveurs des connaissances pratiques que nous devons à une expérience de huit années.

On a long-temps confondu, sous le nom de

haras, les établissemens qui renfermaient à la fois des étalons et des jumens destinés à la reproduction, et ceux qui ne contenaient que des étalons. Il nous paraît nécessaire d'établir une distinction entre les *dépôts d'étalons* et *les haras* proprement dits. Nous désignerons sous le nom de *haras* tout lieu dans lequel on entretient un certain nombre d'étalons et de jumens poulinières, avec leurs produits; et comme un tel établissement est destiné à créer chez nous ce *type régénérateur* sans lequel nous regardons toute amélioration comme impossible, la formation d'un haras n'emporte pas seulement selon nous l'idée d'une réunion de jumens et d'étalons: il faut en outre qu'ils appartiennent à une race pure, et que, par leurs accouplemens sans mélange de sang étranger à cette race, ils donnent des étalons propres à opérer avec les jumens du pays un utile métissage. Nous ne saurions assez le répéter, parce que cette vérité ne nous semble pas avoir été suffisamment comprise : ce qui nous manque en France, ce sont des étalons de *pur sang*, c'est ce type régénérateur, du secours duquel nous ne saurions nous passer.

La manière dont sont composés les haras et

les dépôts d'étalons appartenant au gouvernement ne justifie que trop les plaintes qui se sont
élevées plusieurs fois sur leur insuffisance. A
peine l'Etat a-t-il la centième partie du nombre
d'étalons de race qu'il devrait avoir; encore
même plusieurs d'entre eux ont-ils été achetés
sans essai et seulement à cause de la beauté de
leurs formes.

Si l'on veut obtenir d'heureux effets du métissage, qui est le seul moyen d'employer uti-
lement les jumens poulinières du pays, il faut
substituer aux étalons qui existent aujourd'hui
des chevaux de *pur sang*, et c'est vers ce but
que doivent tendre tous les efforts.

CHAPITRE II.

DE L'ÉTABLISSEMENT D'UN HARAS.

Le choix du lieu où l'on veut former un haras doit être déterminé par les qualités du sol et de l'air. Il faut que le terrain soit un peu élevé au-dessus des eaux. S'il était trop sec, les pâturages ne seraient ni assez abondans, ni assez nutritifs ; s'il était bas et humide, les pieds et les yeux des élèves seraient exposés à des maladies. Enfin il est nécessaire que l'air soit pur et sain, et que les eaux soient vives et propres à servir de boisson aux animaux. Sans que ce soit indispensable, il serait à désirer que le terrain fût traversé par un cours d'eau, ainsi que l'indique le plan qui est placé à la fin de ce mémoire.

L'établissement d'un haras doit comprendre : les écuries destinées aux étalons, aux jumens poulinières et aux chevaux de service ; un terrain de parcours à l'usage des jumens poulinières; des écuries, terrains de parcours et de pâturage affectés aux poulains et pouliches; deux infirmeries, l'une où sont reçus les animaux blessés, et l'autre dans laquelle sont placés les élèves atteints d'affections graves ou conta-gieuses; un terrain de parcours pour les che-vaux placés dans les infirmeries; un hippodrome, ou carrière où les élèves sont exercés à la course; des terres consacrées à la culture des prairies naturelles et artificielles ou des céréales; le lo-gement du Directeur, celui des employés, pale-freniers et hommes de peine; enfin, un chemin de ronde extérieur qui forme l'enceinte de l'éta-blissement. Une étendue de cent hectares nous a paru suffire à un haras composé de 50 jumens poulinières (1), de 3 étalons et d'environ 150 poulains ou pouliches, qui, d'après ce que nous avons dit dans notre premier mémoire, doivent être le terme moyen des élèves de un à cinq ans.

Nous avons adopté la forme rectangulaire,

(1) D'après les calculs que nous avons établis dans notre premier mémoire, 2 étalons devraient suffire: nous en de-mandons 3, parce qu'il peut y en avoir un de malade. D'ailleurs il y aura toujours dans le pays quelque jument de particulier à faire saillir.

2

non pas que nous la regardions comme indispensable, mais parce qu'elle nous a paru plus commode.

Nous avons supposé que le terrain avait 1410 mètres de longueur et 709 mètres 22 centimètres de largeur.

CHEMIN DE RONDE.

Le chemin de ronde est nécessaire au service de l'établissement; c'est par là que doivent arriver les fourrages et toutes les voitures de transport, qui, si elles passaient dans l'hippodrome, le sillonneraient d'ornières profondes, ce qui obligerait à des réparations continuelles; d'ailleurs les jeunes poulains, effrayés par le bruit et par la vue d'objets étrangers, pourraient se livrer à des mouvemens impétueux qui les exposeraient à divers accidens. Nous avons pensé que 10 mètres suffisaient à la largeur du chemin de ronde.

DÉPENDANCES.

Des deux côtés de la porte d'entrée sont les dépendances, telles que la pharmacie, les cuisines, etc., et deux cours de service contenant les auges, les pompes et les fumiers; une cour d'entrée conduit au logement du directeur.

Chacune des cours de service a 45 mètres de largeur et 125 mètres de longueur; celle d'entrée, 25 mètres de largeur et 35 mètres de longueur.

Les bâtimens affectés au logement du concierge, à la pharmacie, à la sellerie, à la forge et aux cuisines, sont placés des deux côtés de la porte d'entrée, et ont chacun 6 mètres de largeur sur 35 mètres de longueur; ils se composent d'un rez-de-chaussée et d'un petit grenier.

LOGEMENT DU DIRECTEUR.

Le logement du directeur contient au rez-de-chaussée un vestibule, une salle à manger, un salon, une bibliothèque, un cabinet de travail et une chambre à coucher. Au premier étage se trouvent quatre chambres à coucher.

Le haras devant être placé ordinairement un peu loin des villes, il est nécessaire que le directeur puisse donner un logement aux inspecteurs ou aux étrangers qui viendront visiter l'établissement.

ÉCURIES DES JUMENS ET DES ÉTALONS.

A droite et à gauche des bâtimens occupés

2.

par le directeur se trouvent les écuries des jumens poulinières, l'expérience nous ayant prouvé qu'il était convenable que ces animaux fussent en liberté; chacune de ces écuries a été partagée en vingt-cinq compartimens, séparés les uns des autres par des cloisons en bois.

Chacune de ces loges a 5 mètres de longueur et 3 mètres 50 centimètres de largeur; le plafond est à 3 mètres au-dessus du sol : elles ont toutes une porte extérieure, surmontée d'une croisée en forme de ventouse. Les charnières doivent être placées dans la partie inférieure du châssis, de manière que l'air extérieur, qui s'introduit, se dirige d'abord vers les couches supérieures de l'atmosphère, et ne vienne frapper les organes des animaux qu'après avoir atteint la température générale de l'écurie.

La mangeoire est placée dans un des angles. A côté, et un peu au-dessous, se trouve une seconde mangeoire plus petite, destinée au poulain. Dans l'angle opposé est établi une grille en forme de corbeille, dans laquelle on met les fourrages.

L'écurie est pavée; on a placé au centre une sorte d'égoût fermé par un grillage, et qui par un conduit souterrain donne passage aux urines.

Les écuries occupées par les étalons sont construites sur le même modèle.

LOGEMENT DES EMPLOYÉS.

Au-dessus de ces deux bâtimens, et dans toute leur longueur, sont placés les logemens des employés, gens d'écuries et hommes de peine.

Un auvent forme une galerie qui permet de passer d'une écurie à l'autre sans être exposé à la pluie.

TERRAIN DE PARCOURS POUR LES JUMENS.

En avant des écuries des jumens est un terrain de parcours où elles viennent à l'abri des vents prendre l'air et faire de l'exercice, lorsque la saison ne permet pas de les laisser aller dans les pâturages, Par cette disposition les prairies sont préservées des dégradations que commettent les chevaux lorsque le sol est humide.

TERRAIN DE SAILLIE.

En avant de l'écurie des étalons est un espace destiné à la saillie des jumens.

ÉCURIES DES ÉLÈVES.

Les écuries des élèves sont-séparées les unes

des autres par un intervalle de 135 mètres.
Elles sont établies sur la ligne du chemin de
ronde et vis-à-vis la portion de prairies affectée
au nombre de poulains ou pouliches qu'elles
sont destinées à contenir. Tous ces bâtimens
sont divisés en deux parties égales, séparées par
un mur. Chaque écurie a 5 mètres de largeur
et 5 mètres de longueur, et peut contenir 4 poulains ou pouliches. Les élèves sont en liberté
pendant la nuit et une grande partie de la
journée; on les accoutume peu à peu à être
attachés.

Le conduit pour l'écoulement des urines et
les fenêtres doivent être conformes à ce qui a
été indiqué pour les écuries des jumens. Outre
la croisée placée au-dessus de la porte, il faut
qu'il y en ait une seconde latérale, et le plus
près possible de l'entrée, afin que les yeux des
élèves ne puissent dans aucun cas être frappés
par l'air froid du dehors.

TERRAIN DE PARCOURS POUR LES POULAINS.

En avant de chacune de ces écuries est un
terrain de parcours semblable à celui que nous
avons indiqué pour les jumens, et qui est indispensable aux poulains, pour lesquels le mouve-

ment et le grand air sont un besoin. Ces parcours, qui ont 30 mètres de largeur sur 65 mètres de longueur, sont séparés par des cloisons en planches; et pour que les élèves n'aillent pas se flairer, on a placé en dedans, et à 1 mètre de distance des cloisons, une barrière en bois commun de 1 mètre de hauteur, qui suffit pour que les animaux des différens parcours ne s'approchent pas de trop près.

PORTES DE COMMUNICATION.

Les portes de communication sont fermées par des verrous assujettis à l'aide d'un taquet, ainsi que l'indique la planche II. Sans cette précaution, les jeunes poulains finissent par prendre l'habitude de les ouvrir avec le nez. Un petit guichet permet de passer la main pour lever le taquet, lorsque la personne qui veut ouvrir la porte est du côté opposé au verrou.

Pour éviter les accidens qui arrivent souvent à la sortie des écuries, au moment où les poulains s'élancent à la fois, on a établi aux angles saillans des portes et des murs des écuries un rouleau de 1 mètre 40 centimètres de longueur et de 1 décimètre de diamètre; il est à 1 mètre au-dessus du sol et soutenu par deux gonds, dans

lesquels entrent les tourillons placés à des extrémités ; ce qui lui permet de tourner aisément
sur lui-même.

ABREUVOIRS.

Un grand tonneau , scié par le milieu, et
goudronné avec soin, doit être placé dans le
terrain de parcours et près de l'écurie. Quoique
les eaux soient de bonne qualité, il est prudent
d'y ajouter une petite quantité de chaux. Si elles
contenaient quelque sel étranger, pour en neutraliser l'effet, on emploierait un peu de vinaigre
ou quelque autre acide.

ENCLOS DESTINÉS AU PATURAGE.

Vis-à-vis les terrains de *parcours* se trouvent
les prairies destinées aux pâturages. Nous leur
avons donné une forme rectangulaire parce que
nous avons remarqué que lorsque les poulains
se trouvent en liberté dans un espace carré ou
circulaire, ils s'amusent à tourner et à courir
dans tous les sens, ce qui les expose à divers
accidens et leur fait fouler aux pieds l'herbe
destinée à les nourrir ; tandis que lorsqu'ils sont
bornés latéralement, ils ne font qu'une ou deux
courses dans le sens de la longueur et s'arrêtent
bientôt pour pâturer.

A chaque écurie double, correspondent deux enclos de pâturage. Les huit élèves, qui doivent toujours être du même âge et de même sexe, paissent en commun, et lorsqu'ils ne trouvent plus une nourriture suffisante dans la prairie, on les fait passer dans le second enclos, ce qui permet à l'herbe du premier de repousser.

L'époque de ces changemens et l'intervalle qu'on met entre eux dépendent de la saison et de la nature du sol. L'expérience est le seul guide qu'on puisse consulter; l'essentiel est de ne pas laisser les animaux dans chaque enceinte assez de temps pour en épuiser le pâturage.

Ces enclos ont 180 mètres de longueur et 65 mètres de largeur, ce qui fait 1 hectare 17 ares, ou 3 arpens 42 perches (mesure de Paris). Cet espace nous a paru suffisant pour 8 élèves, qui reçoivent en outre à l'écurie un supplément de nourriture, dont l'espèce et la quotité seront déterminées lorsque nous traiterons de l'éducation des élèves.

Nous n'avons pas indiqué de terrain de pâturage pour les jumens; mais, comme elles ont leurs poulains avec elles pendant une partie de l'année, il restera un certain nombre d'enclos disponibles dans lesquels on les placera. On pourrait, en cas d'insuffisance, y suppléer par des séparations faites dans les prairies placées en dedans de l'hippodrome.

Les enclos ne doivent pas avoir de pièces d'eau; elles sont dangereuses pour les élèves, qui s'y baignent pendant les chaleurs et y restent trop long-temps, ce qui leur amollit la corne. Ils viennent ensuite se coucher sur la pelouse et sont exposés à contracter des douleurs rhumatismales, ou d'autres affections aussi fâcheuses. Il suffit de laisser ouverte la porte qui conduit au terrain de parcours pour que les animaux puissent aller boire à toute heure dans les tonneaux goudronnés qui y sont placés.

Les enclos peuvent être séparés par des haies, par des murailles, ou des palis en planches communes très rapprochées, et assez élevées pour que les animaux ne puissent passer leur tête au-dessus.

Chacun de ces trois modes de clôture offre des avantages et des inconvéniens qui tiennent à sa nature.

HAIES.

Les haies, lorsqu'elles sont bien venues, exigent peu d'entretien; mais comme on est forcé

de les établir, pour qu'elles aient assez de hauteur, sur des berges qui ont environ 2 mètres
de largeur, elles occupent beaucoup d'espace.
Elles ont l'avantage de favoriser l'écoulement
des eaux et sont même de quelque rapport par
les bourrées qu'on en tire tous les ans.

MURS.

La construction des murailles est assez dispendieuse, mais ce genre de clôture n'exige que
peu d'entretien et offre plus de sûreté pour prévenir les accidens que peut occasionner le voisinage d'animaux qui sont souvent de sexe dif-
férent.

PALIS.

Les palis en planches nécessitent moins de
dépense et font perdre moins de terrain, mais
ils n'ont ni autant de solidité ni autant de durée
que les murs; et il arrive presque toujours, quelques précautions qu'on prenne, qu'il reste des
intervalles entre les planches, ce qui permet aux
animaux de se voir et de se flairer. C'est princi-
palement pour obvier à cet inconvénient que
nous avons proposé, en parlant de la clôture des
terrains de parcours, l'établissement de barriè-

res intérieures qui sont toujours utiles, même lorsqu'on a fermé les enclos par des murailles. Elles les mettent alors à l'abri des détériorations occasionées par le goût excessif des jeunes poulains pour le salpêtre qui s'attache à tous les objets de maçonnerie.

Au reste, le choix du mode de clôture dépend entièrement des localités et du prix de la main d'œuvre et des matières premières. Nous avons employé dans le haras de Meudon des palis en planches de bateaux.

INFIRMERIE.

A l'extrémité du terrain opposée à la grande porte d'entrée est placé un bâtiment destiné à servir d'infirmerie; il est disposé de la même manière que les écuries des jumens; chaque animal y est séparé de ses voisins. Il y a en avant un terrain de parcours dans lequel on pourra pratiquer les divisions qu'on jugera nécessaires.

A droite et à gauche sont deux enclos de prairies et deux écuries isolées où l'on pourra au besoin placer les animaux blessés.

HIPPODROME.

Le terrain de course, ou hippodrome, est

absolument nécessaire à l'éducation des élèves;
c'est là qu'ils doivent être exercés à la course.
Une largeur de 12 mètres nous a paru être nécessaire à l'hippodrome, qui doit être légèrement
sablé et uni avec soin. Si le haras était destiné à
des chevaux lourds ou de gros trait, une carrière semblable devrait être établie pour exercer les poulains à traîner des fardeaux dont le
poids serait proportionné à l'âge et à la force
des élèves.

TERRAIN DE CULTURE.

Le terrain situé en dedans de l'hippodrome,
et qui offre une étendue de 28 hectares 42
ares, ou 82 arpens 70 perches, est destiné à être
converti en prairies naturelles ou artificielles et
en terres labourables, suivant les localités.

CHAPITRE III.

DU CHOIX DE L'ÉTALON ET DE LA JUMENT.

Une loi générale de la nature, à laquelle sont soumises toutes les classes d'êtres organisés, veut que les produits ressemblent au père et à la mère. Si donc on se propose d'améliorer une espèce quelconque, il faut apporter la plus grande attention dans le choix des individus qu'on destine à la reproduction. La nourriture, les soins, peuvent contribuer, il est vrai, à modifier la conformation des êtres vivans, mais cette action n'est que secondaire : le principe de tout changement notable et permanent réside dans la constitution de l'individu, qui reproduit les caractères distinctifs de ses auteurs. Chez la plupart des animaux cette ressemblance ne se borne pas aux formes extérieures, elle s'étend aux qualités essentielles qui font le mérite de la race à laquelle ils appartiennent.

Ces effets se font particulièrement ressentir dans l'espèce chevaline, et l'expérience a prouvé qu'il y avait presque toujours une analogie frappante entre les produits et le père et la mère.

On a long-temps cru en France, et cette opinion est encore généralement répandue, que de belles apparences, que d'heureuses proportions dans les formes étaient un signe certain de force, de vigueur et de légèreté. Malgré les exemples contraires qu'on a eus journellement sous les yeux, cette idée s'est maintenue et la plupart des éleveurs n'ont attaché jusqu'à présent d'autre importance au choix de l'étalon qu'ils donnaient à leur jument que celle qui résultait de la beauté de ses formes.

L'administration semble n'avoir rien fait pour changer cette manière de voir, et la plupart des chevaux qu'elle destine à la reproduction n'ont d'autre mérite que leur élégance et la beauté de leur ensemble.

Telle n'a pas été la conduite des Anglais: doués d'un esprit constant d'observation ils ont remarqué que les plus beaux chevaux n'étaient pas toujours les meilleurs, et qu'on retrouvait dans les produits les qualités et les défauts du père et de la mère. Dès lors, ils n'ont plus voulu admettre comme étalons que des sujets qui

avaient subi avec distinction les épreuves auxquelles ils avaient été assujettis : de là l'origine
des courses en Angleterre et le soin avec lequel
on en constate et on en conserve les résultats.
Beaucoup de personnes croient que le cheval
de course appartient à une race particulière, qui
n'est propre qu'à un exercice violent et peu soutenu ; c'est une erreur qu'il est de notre devoir
de signaler et de combattre. La course n'est
qu'un essai, une épreuve : elle n'a pour but que
de classer les chevaux, que de faire juger de
leur mérite.

Pour généraliser notre opinion et la rendre
applicable à toutes les races, nous dirons que
chaque étalon, avant d'être employé, doit être
soumis à des épreuves analogues à la classe à
laquelle il appartient; et si le cheval léger doit
être essayé à la course, il faut que le cheval
lourd, ou de trait, soit exercé à traîner des fardeaux, dont le poids doit être dans un juste
rapport avec la constitution de l'animal et le
genre de service auquel on le destine. Il faut
éloigner du haras tout animal atteint de vices
ou de défauts qui peuvent se propager par la
génération : tels sont, un caractère difficile, une
mauvaise vue, les éparvins et les fourchettes

échauffées, etc. L'expérience a prouvé que ces défectuosités atteignaient presque toujours les produits des animaux qui en étaient eux-mêmes affectés. Lorsque, après avoir satisfait à toutes les conditions que nous venons d'indiquer, un cheval a été admis dans un haras, on doit s'assurer qu'il donne de belles productions.

En effet, un étalon étant destiné à constituer, à propager ou à améliorer une race, il faut que ses produits se ressentent de son influence et qu'on retrouve en eux les qualités qui ont fait choisir le père. S'il arrivait, comme on en a vu quelques exemples, que les productions fussent habituellement faibles, défectueuses, il faudrait cesser d'employer l'étalon et donner la préférence à ceux de la même race dont les poulains sont forts et vigoureux.

Tout ce que nous avons dit sur les conditions qui doivent déterminer le choix de l'étalon est également applicable aux jumens.

Les produits ressemblant presque toujours au père et à la mère, quelquefois même plus particulièrement à cette dernière, il est essentiel d'avoir de bonnes poulinières. Nous avons dit qu'un étalon admis dans un haras devait en être éloigné dès qu'on ne retrouvait plus dans ses

3

productions les qualités qui l'avaient fait choisir; il en est de même pour la jument, avec cette différence que, la mère ne donnant qu'un poulain par an, il est bien plus difficile de constater cette dégénérescence que lorsqu'il s'agit d'un étalon qui peut féconder chaque année 40 ou 50 jumens; c'est un motif de plus pour apporter un soin extrême dans le choix des jumens poulinières.

Outre les qualités générales que nous avons énoncées, les jumens qu'on destine à la reproduction doivent avoir les reins larges, les hanches et les fesses fortes et musculeuses.

CHAPITRE IV.

DES ACCOUPLEMENS.

L'expérience, d'accord avec les principes de la théorie, ayant prouvé, comme nous l'avons dit, que *chacun dans son action génératrice reproduit son semblable*, il est évident que de l'union d'un cheval de pur sang avec une jument de même origine doit naître un poulain de pur sang. Mais si l'étalon est allié à une jument indigène, on aura un produit croisé ou de demi-sang; et si, par un nouveau métissage, celui-ci est uni à une bête de pur sang, on aura un produit de trois quarts de sang; ainsi de suite.

Quelque soin qu'on apporte dans le choix de l'étalon et de la jument, on ne peut espérer d'atteindre à la perfection, même en n'employant que des sujets de pur sang. C'est donc à l'aide d'heureuses alliances qu'il faut neutraliser les imperfections de l'un des auteurs par les qualités opposées de l'autre. Ainsi, par exem-

3.

ple, à un cheval qui aura l'encolure grêle on unira une jument qui aura une forte encolure; à une jument ramassée et près de terre on donnera un cheval de taille et bien membré. Un cheval et une jument d'un caractère ardent et impétueux donneront naissance à des produits qui présenteront la même disposition à un degré supérieur; mais si l'un des deux est doux et paisible, le défaut de l'autre s'amoindrira dans ses productions, et finira par disparaître à la seconde ou troisième génération, si l'éleveur a pris les précautions convenables.

L'expérience est le meilleur guide qu'on puisse suivre dans le choix des alliances. En général, nous le répétons, il faut chercher à détruire les défauts de l'un des parens par les qualités opposées de l'autre.

Non seulement les qualités et les défauts du père et de la mère se transmettent à leurs progénitures, mais la même chose a lieu souvent pour les plus petites marques extérieures, lorsqu'elles ne sont pas le résultat de travaux prématurés ou d'accidens.

Quelque générale que soit la règle qui veut que les produits ressemblent au père et à la mère, il arrive quelquefois qu'on n'obtient pas ce résultat, et que les poulains semblent être absolument étrangers aux sujets auxquels ils doivent le jour; mais ce cas est fort rare et doit être regardé comme une exception.

Plusieurs personnes croient que les productions ressemblent plutôt au père qu'à la mère, et qu'ainsi l'étalon a plus d'influence que la jument sur la génération. Des observations multipliées nous ont prouvé que cette opinion n'a aucun fondement. Il arrive le plus souvent que le poulain tient à la fois du père et de la mère au même degré; mais cet effet n'a pas toujours lieu, et tantôt le produit se rapproche de la femelle plus que du mâle, tantôt celui d'une année ressemble au père, et celui de l'année suivante à la mère. D'autres fois, enfin, il se rapproche davantage du grand-père et de la grand'mère, ou même de parens plus éloignés; mais le fait est rare, et la ressemblance tient alors plus généralement à la robe qu'à la conformation et aux autres qualités du cheval.

Le manque de connaissances et de pratique fait souvent tomber les éleveurs dans une erreur funeste : ils s'attendent à obtenir des produits distingués, quelle que soit la race à laquelle appartient la jument qu'ils ont choisie; séduits

par quelques exceptions, ils croient que les poulains hériteront seulement des qualités de l'é-
talon. Ce que nous avons dit prouve au contraire que le choix de la jument est extrêmement
important, et nous ne saurions assez engager
les personnes qui veulent élever des chevaux
à se tenir en garde contre une économie mal
entendue dans l'achat de la jument.

En Angleterre et dans les pays où on élève
le plus de chevaux, on regarde comme très
avantageux de croiser les familles dans la même
race, et on croit qu'abandonner ce système serait courir à la dégénérescence des chevaux.
Nous sommes loin d'approuver ce qu'une telle
assertion peut avoir d'exagéré, et nous n'hésiterions pas à unir un cheval et une jument
d'une même famille, fussent-ils frère et sœur,
plutôt que de recourir à un sujet d'une autre
famille et dont les qualités ou les formes seraient
inférieures; mais à mérite égal nous donne-
rions toujours la préférence à l'étalon étranger
à la famille de la jument.

Au reste, cette observation ne nous paraît
pas devoir être applicable aux races communes;
et, malgré notre voisinage de l'Angleterre, les
familles de pur sang sont trop rares chez nous

pour que nous puissions nous occuper utile-
ment de tels accouplemens.

Espérons que dans quelques années les chevaux et les jumens de pur sang seront assez
nombreux en France pour que les éleveurs
puissent choisir des étalons *de race*, étrangers
à la famille à laquelle appartient leur jument.

CHAPITRE V.

DES CROISEMENS OU MÉTISSAGE AU MOYEN DES DÉPÔTS D'ÉTALONS.

Ce que nous avons dit des soins que doivent apporter les éleveurs dans l'accouplement des chevaux de pur sang doit aussi être mis en pratique dans le métissage ou le croisement de chevaux de pur sang avec les jumens du pays.

On doit toujours opposer les qualités de l'un des parens aux défauts de l'autre; mais il ne faut pas perdre de vue que, pour obtenir des résultats satisfaisans, il est nécessaire que l'étalon ou la jument soient toujours de *pur sang*.

Pour se convaincre de cette vérité, il suffit d'observer ce qui se passe dans le métissage. On est convenu de donner le nom de demi-sang au produit qui résulte de l'union d'un cheval ou d'une jument de pur sang avec une jument ou un cheval commun, et qui ressemble généralement en partie au père et en partie à la mère. On suppose que dans la génération l'influence du mâle est égale à celle de la femelle.

Si le premier résultat du métissage, ou produit de demi-sang, est uni à un cheval de pur sang, le poulain devant d'après les probabilités ressembler au père et à la mère, sera de 3/4 de sang, savoir : une moitié venant du côté de l'étalon et un quart du côté de la jument, qui est elle-même supposée être de demi-sang.

Au croisement suivant on obtiendra un produit de 7/8 de pur sang, savoir : 4/8 ou 1/2 du côté du père, et 3/8 du côté de la mère, qui, d'après l'hypothèse, est elle-même de 3/4 de sang.

En continuant de la sorte, on obtiendra des produits de 15/16, de 31/32 de pur sang ; ainsi de suite. Tel est l'effet produit par l'emploi de l'étalon de pur sang. Il faut remarquer que ce mode d'opérer exclut de la génération les poulains croisés, et suppose qu'on peut se procurer au fur et à mesure des besoins des chevaux de pur sang pour remplacer les étalons qui auront péri ou qu'on aura été obligé de réformer ; ce qu'on ne peut obtenir que par l'établissement des haras que nous avons proposé. On obtiendra un résultat analogue en faisant le métissage à l'aide de jumens de pur sang.

En effet le produit du premier croisement avec un étalon du pays sera de demi-sang. Si on prend comme étalon un de ces poulains, et qu'on l'unisse à une jument de pur sang, on aura des produits de 3/4 de sang, savoir : 1/2 du côté de la mère et 1/4 du côté du père, qui lui-même est supposé être de demi-sang. En prenant pour étalon un de ces poulains de 3/4 de sang, et en l'employant à féconder une jument de pur sang, on aura un produit de 7/8 de sang, savoir : 1/2 ou 4/8 du côté de la mère et 3/8 du côté du père, qui est lui-même de 3/4 de sang.... ainsi de suite. Ce dernier moyen suppose qu'on peut constamment se procurer pour la reproduction des jumens de pur sang et qu'on n'emploie à la génération que les produits mâles.

Qu'il nous soit permis de recourir, pour mieux développer notre pensée, à un exemple déjà indiqué par quelques auteurs qui ont traité le même sujet :

En supposant qu'on veuille changer la couleur des habitans d'un pays occupé par des noirs, on ne pourra y parvenir, à moins de faire disparaître la population existante, que par les croisemens ou le métissage ; et dans ce cas on a deux manières d'opérer : on peut employer comme type régénérateur des hommes blancs ou des femmes blanches. Du croisement d'un blanc avec une négresse naîtra un mulâtre ou produit de demi-sang. Les femmes provenant de ce croisement, unies à des hommes blancs, donneront des produits de 3/4 de sang ou des quarterons ; ainsi de suite. Ce système d'amélioration suppose qu'on peut toujours se procurer des hommes blancs, et qu'on n'emploie à la reproduction que les produits femelles de croisement. Si on veut opérer le métissage à l'aide de femmes blanches, on les unira aux noirs du pays; on aura des produits de demi-sang ou mulâtres. Laissant de côté ces femmes, ainsi obtenues, on emploiera à la génération les hommes de demi-sang, qui, avec des femmes blanches, donneront des produits de 3/4 de sang ; savoir : 1/2 du côté de la mère, et 1/4 du côté du père. Au degré suivant on obtiendra des productions de 7/8 de sang. Bien que les propositions que nous venons d'indiquer ne soient pas rigoureusement exactes et qu'elles doivent varier, soit par la constitution des individus, soit par d'autres circonstances, on voit que, par une suite de métissages ou croisemens faits d'après le même principe, on finira par se rapprocher le plus possible du pur sang sans pouvoir néanmoins jamais l'atteindre; toutefois il suffit d'arriver au point où l'on ne peut plus distinguer les produits obtenus d'avec le véritable pur sang.

Mais si on interrompt l'ordre de ces croisemens; si dans la première hypothèse on admet un homme mulâtre ou quarteron, ou dans la deuxième une femme de demi ou 3/4 de sang, cette influence se fera immédiatement sentir et les produits se rapprocheront de la race des nègres avec une prodigieuse rapidité.

Cette observation s'applique au métissage des chevaux, et si on cessait de recourir au *pur sang* comme type, la race obtenue dégénérerait bientôt sensiblement.

On est tellement convaincu de cette vérité en Angleterre, qu'on a beaucoup de peine à y trouver des étalons de 1/2 sang. Ils sont presque tous taillés de bonne heure, et si on rencontre quelques chevaux entiers de cette race ils n'ont été conservés que comme un objet de curiosité ou par l'effet du caprice de quelques amateurs.

Ce fait explique la difficulté que les agens de

l'administration ont eue à se procurer en Angleterre, même à des prix très élevés, des étalons de demi-sang.

Nous ne sommes entré dans tant de détails sur les effets du métissage que parce qu'on n'est pas assez généralement convaincu de cette vérité, que le *cheval de pur sang* peut seul régénérer nos races de chevaux légers. Jusqu'à présent nos dépôts d'étalons n'ont été formés que de chevaux pris au hasard et n'offrant aucune des garanties que nous avons indiquées, et le peu de succès qu'a obtenus l'administration ne vient que trop à l'appui de notre opinion.

Quoique le métissage puisse s'opérer à l'aide de jumens de pur sang aussi bien qu'au moyen d'étalons de cette race, nous pensons que ce dernier mode doit être seul employé, comme étant plus économique et surtout comme pouvant amener en bien moins de temps des résultats avantageux ; car un seul étalon peut féconder 3o ou 4o jumens et améliorer tous les produits qui naîtront de ces alliances, tandis qu'une jument de pur sang, saillie par un étalon commun, ne pourra transmettre sa race qu'au produit qu'elle porte dans ses flancs.

C'est donc vers les dépôts d'étalons que devront se diriger tous les soins de l'administration lorsque les haras de pur sang lui auront donné un nombre de sujets suffisans, ayant d'ailleurs subi les épreuves qu'on exige de ceux qui sont admis dans les haras. Les jumens provenant des haras serviront à propager la race précieuse des chevaux de pur sang.

Les soins à donner et le régime à faire suivre aux étalons des dépôts sont les mêmes que ceux indiqués au chapitre suivant. Au moment de la monte, les étalons doivent être répartis dans les divers cantons, et d'après les besoins; il faut que l'administration laisse les chevaux dans chaque localité assez de temps pour que les propriétaires de jumens ne soient pas forcés de changer chaque année d'étalon, ainsi que cela a eu lieu jusqu'à présent.

La personne chargée de la surveillance des étalons doit avoir un registre destiné à contenir le signalement de chaque jument saillie, avec l'indication de toutes les circonstances qui pourront offrir quelque intérêt.

Par les croisemens du cheval de pur sang avec les jumens normandes et celles d'une partie de la Bretagne, on obtiendra des chevaux d'une taille élevée, bien membrés, également propres au service des attelages ou à être montés. L'augmentation de vigueur, de légèreté et de forces, sera due au pur sang qui aura corrigé le tempérament mou et lymphatique de nos races indigènes.

Cette amélioration est d'autant plus nécessaire qu'on aime généralement à n'employer aujourd'hui que des chevaux d'une grande taille.

Cependant, quelque désir que l'on ait d'élever la taille des chevaux du pays, nous pensons qu'il ne faut pas qu'il y ait trop de disproportion dans les alliances, ce serait manquer le but que de vouloir l'atteindre trop promptement; on s'exposerait à avoir des poulains disproportionnés, sans grâces et sans vigueur : ce n'est donc que par une marche progressive qu'on peut donner aux produits une taille suffisante.

CHAPITRE VI.

DES SOINS A DONNER A L'ÉTALON ET A LA JUMENT POULINIÈRE.

ÉTALONS.

Il faut à l'étalon un exercice régulier, une écurie très aérée dans laquelle il puisse être en liberté, une nourriture appropriée à ses besoins et des pansages bien faits; ce qui doit suffire pour le maintenir dans un état de santé convenable.

Aux approches de la saison de la monte, c'est-à-dire deux mois ou six semaines avant qu'il lui soit présenté des jumens, il faut le tenir plus chaudement, le purger et augmenter ensuite peu à peu sa nourriture comme pour le préparer à un exercice violent. Sa ration peut être portée, suivant le service qu'on exige de lui, jusqu'à 12 ou 14 litres de bonne avoine et à 14 livres de foin. On pourrait ajouter à chaque repas deux poignées de fèverolles ou de pois

blancs qu'on aura fait tremper pendant plusieurs heures dans de l'eau chaude, ou un peu
de graine de lin, soit sèche, soit humectée. Il ne
saurait être employé à aucun travail pendant
le temps de la monte.

Comme il arrive souvent que l'étalon se dé-
goûte de sa nourriture, il convient de la diviser
en 4 portions égales, ou même davantage s'il
est nécessaire, afin qu'il ne soit pas exposé à de
pénibles digestions.

La saison de la monte étant terminée, il est
bon de faire passer l'étalon au régime du vert à
l'écurie, de luzerne, de trèfle, ou de vesces,
sans néanmoins lui retirer l'avoine, dont la
quantité devra être diminuée progressivement.
Un mois six semaines de ce régime suffisent
pour le rafraîchir et le remettre de ses fatigues.

Il reprendra ensuite sa nourriture accoutu-
mée, qui devra être augmentée ou diminuée
suivant son état de santé. Il n'y a pas d'inconvénient à ce que l'étalon soit entretenu dans un
état constant d'embonpoint modéré.

Il a été généralement reconnu que l'âge auquel l'étalon avait le plus de vigueur était de 5
à 15 ans; cependant il y a plusieurs étalons qui
après l'âge de 20 ans et même de 30 ans ont

4

donné de très beaux produits. L'expérience nous a prouvé qu'il importait peu que l'étalon fût vieux pourvu qu'il pût convenablement remplir sa destination.

En général, il vaut mieux que la saillie ait lieu le matin de bonne heure, lorsque le cheval est encore à jeun. En observant le régime que nous avons indiqué un étalon peut facilement saillir pendant les cinq mois que doit durer la monte une ou deux jumens par jour : une le matin et une le soir. Il est prudent néanmoins de lui accorder de temps en temps un jour de repos.

JUMENS.

Les jumens qu'on destine à la reproduction exigent des soins particuliers. Celles d'une race commune peuvent être employées à divers travaux, pourvu qu'on ne les assujétisse pas à un exercice violent qui risque d'altérer leur santé. On doit avant tout avoir l'attention d'éviter les occasions d'avortemens.

Les soins généraux à leur donner sont les mêmes que ceux que nous avons indiqués pour les étalons: une nourriture saine et suffisante, des écuries aérées, un exercice modéré doivent les entretenir dans un état prospère. L'expérience ayant prouvé que les jumens dont l'embonpoint provenait d'une nourriture trop forte, donnaient des produits faibles et chétifs, il est prudent de diminuer progressivement leur ration d'avoine et même de la supprimer en totalité, s'il y a lieu, jusqu'à six semaines ou deux mois avant la mise bas, en augmentant toutefois convenablement la quantité qu'on leur donne de foin, de luzerne ou de trèfle. Cette observation est seulement applicable aux jumens qui, pendant leur gestation, n'ont pas un poulain à nourrir, car lorsque cette circonstance a lieu, il est rare qu'on puisse opérer le retranchement d'avoine dont nous venons de parler, la jument ayant à pourvoir à la nourriture de deux poulains : celui qui tette et celui qu'elle porte.

Au reste il est bien difficile de déterminer à l'avance et d'une manière précise la quantité de nourriture qu'il convient généralement de donner aux jumens poulinières ; cela dépend de la constitution et de l'état de santé dans lequel se trouve l'animal.

Cependant voici quelques données qui résultent de la pratique suivie dans le haras de Meudon :

4.

Pendant les deux derniers mois qui précèdent la mise bas, on donne ordinairement par jour à chaque jument 6 litres d'avoine, 6 litres de son, 2 bottes de foin et une botte de carottes. Dès qu'elles ont mis bas et pendant le premier mois, cette ration est augmentée de 2 litres d'avoine et d'une botte de carottes. Pendant les 2ᵉ, 3ᵉ, 4ᵉ, 5ᵉ et 6ᵉ mois on donne à la jument la même ration augmentée encore de 2 litres d'avoine, ce qui fait 10 litres par jour. Après le sevrage, le son et les carottes sont supprimés, la quantité d'avoine est progressivement réduite à 6 litres. La quantité de foin n'est plus déterminée; on en donne autant que la jument peut en manger. La luzerne et le sainfoin soit en sec, soit en vert, font toujours partie de la nourriture de la jument et lui sont donnés concurremment avec le foin ordinaire.

Lorsqu'on a des pâturages gras et abondans, ou lorsqu'on peut donner en quantité suffisante à la jument du fourrage en vert, provenant de prairies artificielles, les rations de foin et de carottes peuvent être diminuées ou totalement supprimées.

Malgré tout ce qu'on a écrit pour prouver qu'il était nécessaire de donner une année de repos aux jumens poulinières, l'intérêt a fait adopter l'usage de les faire couvrir tous les ans, et on a remarqué qu'il n'y avait aucun inconvénient à suivre cette méthode.

On fait ordinairement saillir les jumens au printemps, de manière qu'elles puissent mettre bas vers le mois de mars ou d'avril, époque à laquelle les herbes nouvelles sont d'un grand secours pour augmenter la quantité de leur lait.

Il serait cependant plus avantageux de faire ensorte que le poulain naquît vers la fin du mois de février. Quelques bottes de carottes qu'il est facile de se procurer dans toutes les localités, jointes à une nourriture sèche, suffisent pour donner à la jument assez de lait; les produits sont alors plus forts, plus robustes, soutiennent plus aisément les chaleurs de l'été et les effets du sevrage.

La jument est prête à être saillie 7 ou 8 jours après avoir mis bas; il est essentiel de ne pas perdre de temps pour la présenter à l'étalon, sa fécondation étant plus assurée dans ce moment que si l'on attendait au-delà du terme que nous venons d'indiquer.

Les jumens qu'on suppose être pleines doivent immédiatement après le sevrage être réunies dans les mêmes pâturages et séparées des jumens non fécondées, et chevaux hongres qui souvent les provoquent à la course.

L'avortement est l'accident le plus grave qui puisse survenir à une jument pleine; aussi faut-il prendre toute les précautions possibles pour les en préserver.

Des abris placés dans les pâturages doivent les protéger contre les vents, l'ardeur du soleil et les mouches qui les tourmentent beaucoup en été. Une des causes qui contribuent le plus à faire avorter les jumens est la trop grande quantité d'eau qu'elles boivent à la fois. On peut prévenir ce danger en plaçant dans le voisinage du lieu où elles se trouvent, un tonneau plein d'eau où elles puissent boire toutes les fois qu'elles en ont envie.

Les approches de la délivrance se manifestent presque toujours par un malaise général, par une diminution sensible dans la grosseur du ventre, par la mollesse des pis et le lait qu'ils laissent échapper.

La mise bas a lieu ordinairement dans la nuit ou de grand matin; il est rare que la jument se couche, et pour éviter les accidens il faut la tenir le plus possible vers le milieu de l'écurie, lui faire beaucoup de litière et être prêt à recevoir le poulain.

La plupart des jumens lèchent le poulain dès qu'il est né; si elle manquait à ce soin il faudrait y suppléer en l'essuyant. Il est bon aussi de nettoyer l'écurie, parce que le dégoût s'empare souvent de la jument lorsqu'elle est délicate ; elle perd alors l'appétit et se trouve bientôt affaiblie.

Pendant les deux jours qui suivent la mise bas, la jument doit être nourrie de son humecté et boire de l'eau tiédie.

Lorsque la naissance du poulain a lieu pendant un temps froid ou humide, il faut avoir le soin de ne pas exposer la mère au grand air avant huit ou neuf jours, époque à laquelle on doit la présenter à l'étalon, on la sort ensuite lors que le temps le permet et on la fait promener pendant une 1/2 heure ou 3/4 d'heure, afin d'éviter les maladies inflammatoires auxquelles elle serait exposée sans cette précaution. Ces soins deviennent encore plus nécessaires et doivent durer plus long-temps si la jument a mis bas avant le terme.

Au moment du sevrage on sépare le poulain de la mère ; il faut placer celle-ci dans une écurie, la nourrir au sec ; diminuer peu à peu sa nourriture, employer les moyens ordinaires pour faire passer son lait et surtout ne pas la séparer des autres jumens dont la vue l'égaie et l'aide à oublier l'absence de son poulain.

Lorsque la jument est arrivée au onzième mois de gestation, il faut la tenir enfermée dans une écurie, de crainte qu'elle ne mette bas dans la campagne, ce qui est d'autant plus dangereux qu'elle choisit ordinairement un lieu écarté, bas et humide, quelquefois même un fossé, où le poulain périt le plus souvent, faute de secours.

Pour être certain autant que possible du terme de la délivrance, il faut avoir un registre particulier indiquant l'époque à laquelle chaque jument a été saillie et celle où elle a refusé l'étalon.

Le directeur d'un haras doit tenir avec le plus grand soin un registre indiquant le nom de chaque étalon et celui des jumens qu'il a couvertes; l'époque des différentes saillies, et les observations qu'on aura pu faire sur la constitution physique, les habitudes de chaque jument, et, autant qu'on le pourra, sur les symptômes qui précèdent ou accompagnent la mise bas ou l'avortement.

CHAPITRE VII.

DE L'ÉDUCATION DES ÉLÈVES.

Dès l'instant de sa naissance, le poulain réclame quelques soins; il faut d'abord l'essuyer et le tenir chaudement. Une température un peu élevée favorise le développement de ses membres, tandis que l'impression du froid, à un âge si tendre, exercerait une pernicieuse influence sur tout son être, et en supposant même que l'animal pût résister à cette première épreuve, il est probable qu'il s'en ressentirait toute sa vie.

Si par la mort de la mère ou l'insuffisance de son lait on est obligé d'avoir recours à une nourriture étrangère, on pourra employer avec succès le lait de vache écrémé, légèrement édulcoré avec un peu de sucre, afin que cet aliment se rapproche le plus possible du lait de jument.

Malgré cette précaution, il est probable que le poulain éprouvera quelques mauvais effets de

ce changement de nourriture; qu'il sera faible
et languissant. On pourra employer avec succès,
pour le fortifier, une dissolution, dans de l'eau
de gruau, d'une cuillerée de rhubarbe et d'une
égale quantité de magnésie calcinée.

Si le jeune animal est saisi par le froid, il faut
le tenir chaudement et lui faire avaler une cuillerée d'eau-de-vie mêlée à une égale quantité de
sirop de pavot ou de coquelicot.

La guérison des autres accidens ou maladies
qui peuvent survenir au poulain rentre dans le
domaine de l'art vétérinaire.

Dès l'âge de six semaines, l'élève s'essaie ordinairement à mâcher quelques brins de paille
ou de foin, et même l'avoine; il est bon de seconder cette disposition, et pour cela il suffit de
laisser à part un peu d'avoine dans la mangeoire,
dont nous avons indiqué la construction en parlant des écuries du haras.

Dès que l'animal commence à manger l'avoine,
il faut lui en donner une petite quantité concassée; il la mâche et la digère plus aisément: ce
moyen est employé aussi avec succès pour remettre en état un cheval délicat et malingre.
Aucune des parties nutritives de l'avoine n'étant
perdue, on peut diminuer sans inconvénient la

ration d'un tiers. Il existe une machine fort commode pour concasser l'avoine.

Ainsi nourri, l'animal acquiert plus de force et résiste plus aisément aux rhumes, aux fluxions et à une gourme précoce, sans qu'on soit obligé pour cela de reculer l'époque du sevrage.

Le poulain est en général sevré à l'âge de cinq mois.

Nous ne saurions trop insister sur la nécessité de tenir chaudement les poulains, et de leur donner une nourriture abondante; par-là on facilitera la circulation du sang, on aidera à la croissance et au développement de l'animal, ses muscles se fortifieront, et toute la charpente osseuse acquerra cette force, cette solidité si nécessaires.

Une douce chaleur est tellement utile à l'élève que nous n'hésiterions pas à dire que, s'il le fallait absolument, il vaudrait mieux retrancher une partie de sa nourriture que de le laisser exposé aux rigueurs de la saison.

C'est au défaut de soins qu'il faut attribuer, nous n'en saurions douter, le peu de succès qu'obtiennent la plupart des éleveurs, et la difficulté qu'on éprouve à se procurer un beau et bon cheval.

Ne perdons pas de vue que le cheval tire son origine de l'Arabie, et que dès sa naissance il est l'objet de soins assidus de la part des naturels du pays. Pour l'empêcher de dégénérer, il faut que l'homme lui donne les mêmes traitemens, et supplée au défaut de chaleur que notre climat ne saurait lui offrir. Sachons donc, à l'exemple de l'Angleterre, accorder à ce noble animal une part plus généreuse dans nos soins, et bientôt d'heureux résultats viendront nous dédommager de ces sacrifices.

De la manière d'élever et de nourrir les poulains pendant les deux premières années, dépendent le plus souvent leur conformation et leurs qualités.

Si les élèves ont été négligés ou mal nourris à cette première époque, ils s'en ressentent toute leur vie. C'est donc une fausse économie que celle qui consiste à priver ces jeunes animaux d'une partie de la nourriture qui leur serait nécessaire, et si cette épargne était absolument indispensable, il vaudrait mieux qu'elle n'eût lieu qu'au moment où le poulain aurait atteint sa deuxième année.

Tout éleveur doit observer attentivement le moment où le poulain acquiert le plus de développement; c'est ordinairement vers le printemps que cet effet se manifeste de la manière la plus sensible; il faut alors seconder la nature et envoyer l'élève dans de bons pâturages sans rien retrancher de la quantité d'avoine qu'on lui donne. Lorsque le moment de la plus grande croissance est passé, on peut diminuer peu à peu la ration d'avoine et même la supprimer en entier si l'on s'aperçoit que le poulain ne perd ni de son embonpoint, ni de sa vivacité, ni de sa gaîté.

Outre le pâturage, nous croyons devoir indiquer comme très utile le vert donné à l'écurie pendant deux ou trois mois. Ce régime laxatif et rafraîchissant fait éviter beaucoup de maladies et modère surtout l'intensité de la gourme, dont les suites sont souvent si funestes. Pendant le reste de l'année, on donnera aux poulains une quantité suffisante de foin mêlé d'un quart de trèfle, sainfoin ou luzerne.

Voici quelques détails relatifs au régime qu'on fait suivre aux jeunes poulains dans le haras de Meudon :

Dès qu'ils sont sevrés, et jusqu'à l'âge d'un an, ils reçoivent par jour 8 à 10 litres d'avoine, une botte de foin et trois litres de son.

A un an, et jusqu'à l'âge de trois ans, la quantité d'avoine est réduite à six litres, et celle du foin est portée à deux bottes.

Enfin, de trois à quatre ans, le poulain ne reçoit plus par jour que 3 litres d'avoine.

On ne donne que 3 litres d'avoine aux poulains de demi-sang qui ont un an fait, et qui ne doivent pas être admis aux courses à l'âge de 4 ans; dès qu'ils ont atteint l'âge de 18 mois ils ne reçoivent plus d'avoine.

Ces quantités varient suivant les individus, mais ce sont celles que nous avons généralement adoptées; elles sont indépendantes du régime du vert pris soit à l'écurie, soit dans la prairie; jusqu'à ce que le poulain ait un an accompli, l'avoine qu'on lui donne doit être concassée.

La paille n'est pas dans le nord d'assez bonne qualité; elle ne contient pas assez de sucs nutritifs pour qu'on puisse la regarder comme une bonne nourriture. Dans les départemens méridionaux, et notamment en Espagne, elle est excellente, et c'est probablement parce que les meilleurs chevaux sont venus du Midi que ce vieil adage : *cheval de paille, cheval de bataille*, s'est généralement répandu. La paille dans nos contrées est creuse, tandis que ses tiges dans les pays plus chauds sont remplies d'une sorte de moëlle sucrée et très nourrissante.

A l'âge de 8 ou 10 mois au plus tard, les poulains doivent être soigneusement séparés des pouliches; il y aurait de graves inconvéniens à les laisser ensemble.

On ne saurait s'occuper assez tôt de dresser les jeunes poulains; il faut de bonne heure les rendre doux et familiers, les caresser, leur parler, les accoutumer à se laisser panser, leur lever les pieds, enfin leur mettre un licol le jour même où ils ont été séparés de leur mère. Si on attend qu'ils aient un âge plus avancé, on éprouvera de grandes difficultés, et les mauvais traitemens qu'on sera souvent obligé d'employer pour les réduire à l'obéissance pourront donner lieu à de graves accidens.

Au moment du sevrage il faut les accoutumer à être attachés quelques heures à la mangeoire, et quelque résistance qu'ils opposent il ne faut pas leur céder; on ne gagnerait rien à attendre plus tard.

Dès le moment où ils prennent deux ans, il faut les habituer à être embouchés; d'abord avec un mors de bridon recouvert de peau, puis on leur met un caveçon et on les fait trotter quelques instans à la longe sans trop les fatiguer. On les accoutume ensuite peu à peu à porter un surfaix, une croupière, un poitrail, avec plusieurs lanières de cuir tombant presque jusqu'à terre, et des sangles placées, tantôt près du fourreau, tantôt plus en avant, afin que si plus tard elles venaient à glisser soit à l'écurie, soit dehors, l'animal ne fût pas effrayé de cette impression.

L'année suivante, avant la pousse des herbes, on les fait seller et quelquefois monter pendant quelques momens.

Dès qu'ils prennent 4 ans on rend ces exercices plus fréquens, on les rentre à l'écurie, on les ferre et on achève de les dresser, de manière qu'ils puissent entrer en service à l'âge de 5 ans.

Le cheval destiné à courir à 4 ans doit être rentré à l'écurie et soumis au régime ordinaire à l'âge de 3 ans 1/2.

Il faut que celui à qui on confie le soin de dresser un cheval, joigne beaucoup de douceur et de patience à de la résolution et à une forte volonté de réussir.

Les précautions que nous venons d'indiquer sont surtout nécessaires lorsqu'il s'agit d'élever

un poulain provenant d'un étalon ou d'une jument rétifs, ou qui annonce de bonne heure
un caractère difficile.

Rien n'est plus essentiel que de conserver
une bonne bouche à un cheval, et cela dépend
presque entièrement du soin qu'on met à le bien
emboucher, et de l'attention que doit avoir le
cavalier de ne pas abuser d'un moyen dont il
ne faut se servir qu'avec beaucoup de ménage-
mens.

On doit éviter avec soin de forcer la marche
du poulain ; quelle que soit l'allure qu'on lui
fait suivre, il faut modérer ses mouvemens et ne
jamais abuser de ses forces. Par un exercice
journalier et progressif, on accoutume l'élève à
la course, et lorsque le jour de cette épreuve
est arrivé, on lui assigne une destination analogue à son mérite. Les sujets les plus distingués, ceux qui ont obtenu les premiers avantages, sont réservés pour remplacer les étalons
du haras qu'on aura été obligé de réformer ; les
autres sont envoyés dans les dépôts d'étalons
pour servir au métissage ou au croisement avec
les jumens indigènes.

Ceux en qui on n'a pas reconnu un degré
suffisant de supériorité sont taillés et vendus.

5

Les élèves qu'on juge de bonne heure ne pouvoir être de bons étalons et tous ceux qui proviennent du croisement sont ordinairement taillés à l'âge de 2 ou 3 ans. On croit généralement que c'est là l'époque à laquelle ils supportent le plus aisément cette opération. Néanmoins, lorsqu'on le peut, il vaut mieux la leur faire subir plus tôt, même à l'âge de 3 semaines ou 1 mois, ainsi que cela se pratique quelquefois. La douleur est d'autant moins vive et la guérison plus prompte que l'animal est plus jeune.

Nous avons vu des poulains, opérés 15 jours après leur naissance, ne rien perdre de leur gaîté, se maintenir plus aisément en chair et acquérir plus tard un degré de force et de vigueur au moins égal à celui auquel étaient parvenus des poulains dont la castration n'avait eu lieu qu'à l'âge de 3 ans.

CHAPITRE VIII.

DE L'ÉTABLISSEMENT ET DE L'AMÉNAGEMENT DES
PRAIRIES.

De tous les moyens que la nature a mis à la disposition de l'homme pour améliorer la taille, la forme et la structure des animaux soumis à ses besoins, aucun n'a plus d'influence que la nourriture.

C'est à une sage application de ce principe que les Anglais doivent la supériorité des races d'animaux dont ils se servent. Non seulement ils ont soigneusement étudié les effets que produisaient sur l'économie animale les différentes espèces de nourritures qu'ils ont essayées, mais encore, profitant de ces observations, ils ont su les faire concourir au succès des croisemens qu'ils ont entrepris; c'est ainsi que, par un régime convenable, ils sont parvenus à avoir d'excellens chevaux, des bêtes à corne et à laine également distinguées; mais ils ne doivent ces

5.

avantages qu'à des soins constans, qu'à une
pratique éclairée. Ils regardent, avec raison, le
choix de la nourriture comme tellement important qu'ils en ont fait l'objet d'une étude spé-
ciale à laquelle n'ont pas craint de se livrer les
notabilités du pays. C'est ainsi que le duc de
Bedfort s'est occupé de nombreuses expériences relatives à l'amélioration des prairies et qu'il
recueille avec soin les résultats de tous les essais
qui sont faits en Angleterre à ce sujet.

Le foin et la nourriture au vert étant la base
du régime alimentaire, l'établissement des prairies est un des objets qui méritent le plus de fixer
l'attention de tout homme qui veut se livrer à
l'élève des chevaux.

L'influence des fourrages est telle qu'on doit
lui attribuer une grande partie des caractères
qui distinguent les races. Ainsi, la Normandie
doit à des pâturages gras et abondans la taille
et les formes arrondies de ses chevaux, chez lesquels prédomine le système lymphatique; tandis que les prairies sèches du Limousin donnent
à l'élève des formes moins élevées, mais qui
offrent plus de finesse, d'élégance et de légèreté.
Placé sur un sol brûlé par l'ardeur du soleil,
nourri d'une herbe rare et à moitié desséchée,

le cheval de la Camargue est petit, ses membres acquièrent peu de développement, et s'il a quelques qualités, elles sont le résultat de la vigueur de sa constitution ou mieux encore de la race à laquelle il appartient.

C'est donc avec raison que nous avons fait remarquer que l'espèce et la qualité des fourrages devaient être prises en considération lorsqu'il s'agit d'établir un haras.

Le terrain que nous avons proposé de laisser dans l'intérieur de l'hippodrome est destiné à faire des expériences sur le genre de culture des prairies naturelles ou artificielles qui offrent le plus d'avantages. Nous allons présenter quelques observations à ce sujet :

DE L'ÉTABLISSEMENT DES PRAIRIES NATURELLES.

Les produits du sol variant avec sa nature, les prairies doivent donner du foin de différente qualité, suivant la manière dont elles sont situées et l'espèce de terrain sur lequel elles sont établies. Il est avantageux pour un haras, lorsque les circonstances le permettent, qu'il y ait des prairies un peu élevées, sèches, et d'autres plus basses, qui, sans être humides, donnent un pâturage plus gras et plus abondant. On fait alternativement passer les élèves d'un enclos dans un autre; suivant que le développement de leurs membres l'exige.

Ainsi, lorsqu'un poulain s'enlève trop de terre, lorsque son corps ne prend pas assez de développement, ou que ses membres sont grêles, on le place dans des pâturages nutritifs et abondans. Si au contraire il prend trop de corps et reste trop près de terre on le fait passer dans des enclos plus élevés, où l'herbe est plus rare, plus fine et moins nourrissante.

Les terres les plus maigres, celles qui sont élevées, sablonneuses ou calcaires, ne sont guère susceptibles d'être converties en prairies naturelles avec avantage : elles doivent être réservées à la culture des prairies artificielles.

Les terres marécageuses ou humides ne donnent jamais de foin de bonne qualité; quelques précautions qu'on prenne pour faire disparaître les joncs et les plantes aquatiques qu'elles produisent en abondance, on ne peut jamais y parvenir entièrement.

A l'exception de ces deux sortes de terres, toutes les autres peuvent être facilement converties en prés.

Quelle que soit la nature du sol sur lequel

on veut établir une prairie, il faut que la terre soit labourée et hersée avec soin.

Le choix de la graine à employer pour les semis est très important ; cependant le plus souvent on se contente de prendre ce qui reste au fond des granges et on sème indistinctement les graines de plantes utiles et nuisibles, sans savoir si elles conviennent à la nature du sol ; il est néanmoins facile de sentir quelle influence doit avoir sur les produits le choix des semences.

SEMENCES.

Les graines de foin que nous regardons comme préférables sont :

La flouve odorante (anthoxanthum odoratum). Cette plante a le double avantage de croître de très bonne heure et de prospérer dans tous les terrains ; mais elle donne peu de foin, surtout lorsque le printemps n'est pas pluvieux ; ses feuilles jaunissent promptement, se fanent et se détachent bientôt de la tige ; cependant, comme les chevaux la mangent avec beaucoup d'avidité et comme elle donne au foin une odeur balsamique fort agréable, il est convenable de la faire entrer dans la proportion de 1/8 au moins dans la semence d'une prairie.

Le vulpin des prés (alopecurus pratensis). Cette plante est aussi très précoce et elle repousse rapidement après avoir été fauchée; sa tige est dure, mais les feuilles en sont larges et succulentes. Elle donne un fourrage abondant qui est très recherché par les chevaux; sa durée est de 10 à 12 ans; elle exige un sol gras et humide.

Le poa ou *pâturin des prés* (poa pratensis) vient également dans tous les terrains; il résiste à la sécheresse et donne toujours un très bon fourrage. Il est tellement vivace qu'on a beaucoup de peine à le détruire.

Ces trois sortes de plantes sont très hâtives; et tout éleveur qui tient à avoir des pâturages ou des fourrages précoces doit leur donner la préférence.

Le poa commun (poa trivialis). Cette plante est très productive; les terres grasses et humides lui conviennent beaucoup plus que celles qui sont sèches et élevées.

La fétuque des prés (festuca pratensis). Cette plante vient dans les terrains de toute nature; elle ne craint pas la sécheresse. Elle n'est pas précoce, mais l'abondance et l'excellente qualité du fourrage qu'elle produit doivent la faire employer.

La fétuque durette (festuca duriuscula). Cette herbe pousse de bonne heure; elle n'offre d'autre avantage que celui de croître dans les terrains les plus secs et les plus arides. Cependant elle est assez recherchée des chevaux.

Le ray-grass (lolium perenne) est une des plantes qui conviennent le plus à la nourriture des chevaux. Dans les terres de bonne qualité il donne d'abondantes récoltes; mais il est presque improductif dans les terrains légers ou sablonneux; il est très hâtif. Sa durée est de 4 ou 5 ans dans les terres médiocres. Lorsqu'il est semé dans un sol fertile, il est très vivace.

Le dactyle pelotonné (dactylis glomeratus.) Cette plante donne un foin de médiocre qualité; cependant elle ne doit pas être entièrement rejetée, parce qu'elle est très précoce, très productive, et qu'elle vient très bien dans toutes sortes de terrains. Elle doit être fauchée de très bonne heure et consommée en vert.

La fléole des prés (phleum pratense). Cette plante, que les Anglais désignent sous le nom de *timothy*, a été apportée de l'Amérique; elle est très productive et réussit très bien dans les terres de tourbe. Elle peut au besoin être remplacée par le *vulpin des prés* (alopecurus pratensis).

A cette nomenclature on peut encore joindre : *la millefeuille* (l'achilla mille follium), *le trèfle blanc* (trifolium repens), *la lupuline minette dorée* (medicago lupulina), *le lotier curniculé* (lotus curniculatus), *le plantin à petites feuilles* (plantago tenuifolia); enfin *la grande pimprenelle* (poterium sanguisorba).

Ces plantes ne sont pas les seules qui puissent être employées avec avantage ; mais nous avons cru devoir nous borner à l'indication de celles qui sont généralement préférées et que nous avons nous-même semées avec succès. Nous engageons les personnes qui voudraient avoir plus de détails à ce sujet à consulter l'excellent traité des prairies naturelles et artificielles de M. Boitard, publié en 1827.

La graine du foin est si petite et ses racines si délicates qu'il est nécessaire que la terre destinée à la recevoir soit labourée plusieurs fois avec soin et réduite à un état complet de pulvérisation et de friabilité.

PRÉPARATION DU TERRAIN.

Nous nous sommes toujours bien trouvé dans la pratique de faire labourer profondément la terre en automne, de la laisser exposée pen-

dant l'hiver aux intempéries de la saison, de la
labourer de nouveau au printemps, de la herser
et rouler deux fois. Nous y avons fait semer
alors de l'avoine, qu'on a coupée en vert; la
terre a été ensuite fumée, labourée et hersée
avec soin, et la graine de foin a été semée avant
le 20 septembre.

Quelques personnes sont dans l'usage de
mêler à la graine de foin quelques semences
étrangères, telles que de l'orge, du seigle ou de
l'avoine. A la fin du printemps on coupe ces
plantes en vert; l'herbe de la prairie mise à dé-
couvert commence alors à se développer et à
prendre quelque accroissement. Cette méthode,
qui a l'avantage de ne pas laisser le terrain improductif, nous paraît vicieuse en ce qu'elle
retarde la venue de la prairie et qu'elle fait
périr un grand nombre de plantes délicates qui
sont remplacées par des herbes d'une qualité inférieure. Ce mode de culture nous semble devoir être borné aux terres riches, fertiles, et
qui ont assez d'humidité pour fournir abondamment à la végétation des herbes, lorsqu'on
a coupé les autres plantes.

Il est très difficile de déterminer la quantité
de graine à semer. Cependant, par approxima-

tion, on peut l'évaluer, suivant la nature du sol, à 130 ou 180 livres pour un espace de 34 ares 19 centiares (1 arpent de Paris). Lorsque le terrain est gras et fertile 130 livres suffisent; les terres légères exigent environ 180 livres de semence.

Ainsi que nous l'avons indiqué, l'espèce des semences doit varier suivant la nature du sol. L'expérience a prouvé qu'il était avantageux de mêler les graines et de ne pas se borner à une seule espèce de plante fourragère.

Voici quelques données relatives aux proportions qui ont été adoptées pour un arpent (mesure de Paris) dans le haras de Meudon.

Dans les terres grasses, trèfle blanc 20 livres, lupuline minette dorée 20 livres, cretelle des prés 35 livres, fétuque des prés 40 livres, vulpin des prés 23 livres. Total 140 livres.

Dans le cas où l'on ne pourrait se procurer de la graine de ces trois dernières plantes, on y suppléerait au moyen de la houque laineuse qu'on emploierait dans la proportion de 96 livres et à laquelle on joindrait 25 livres de graine de timothy d'Angleterre.

Dans les terres argileuses, trèfle blanc 12 livres, cretelle des prés 20 livres, ray-grass 40 livres, fétuque des prés 40 livres, vulpin des prés 30 livres, mille-feuilles 20 livres.

A ce mélange on peut substituer le suivant : trèfle blanc 12 livres, gros trèfle varié 10 livres, trèfle jaune 12 livres, ray-grass 50 livres.

Dans les terrains pierreux, ray-gras 50 livres, gros trèfle varié 20 livres, trèfle blanc 12 livres, lupuline minette dorée 15 livres.

Dans les terrains sablonneux, trèfle blanc 12 livres, lupuline minette dorée 15 livres, pimprenelle 30 livres, ray-grass 50 livres, mille-feuilles 10 livres.

Dans les terrains crayeux, pimprenelle 30 livres, lupuline minette dorée 15 livres, trèfle blanc 12 livres, mille-feuilles ou ray-grass 50 livres. Ces sortes de terrains se dessèchent aisément en été : pour maintenir la fraîcheur on pourra ajouter à ces semences un peu de graine de sainfoin.

Dans les terrains de tourbe, trèfle blanc 12 livres, cretelle des prés 25 livres, ray-grass 50 livres, fléole des prés 12 livres, plantin des prés et gros trèfle varié 6 livres.

Dans les terres ordinaires, vulpin des prés 30 livres, fétuque des prés 30 livres, cretelle des prés 18 livres, flouve odorante 18 livres, trèfle blanc 15 livres, trèfle rouge 15 livres, trèfle normand 15 livres, ray-grass 20 livres.

Outre les précautions que nous avons indiquées pour les semis de prairies, il est d'autres soins qu'il faut leur donner. Lorsque l'herbe ne germe pas également sur tous les points, on y supplée en semant dans les clairières de la graine de trèfle blanc, qui est très recherché des chevaux et qui réussit très bien au milieu des autres plantes.

On doit enlever les pierres et corps étrangers qui se trouvent à la surface du sol; leur présence nuit à l'action de la faux, et elles favorisent par l'humidité qu'elles entretiennent autour d'elles la croissance d'herbe de mauvaise qualité.

Il faut aussi faire répandre avec soin la terre qui a été soulevée et amoncelée par les taupes. On emploie avec avantage pour cela une machine appelée *taupinière*, traînée par un seul cheval.

DESTRUCTION DES PLANTES NUISIBLES.

Si l'on veut que la prairie soit nette, on peut la faire sarcler la première et la seconde année, et extirper ainsi les chardons, les épines et les autres plantes nuisibles.

Quoique la plupart de ces plantes ne soient qu'annuelles, la prudence exige qu'on les arrache au lieu de se contenter de les couper. Quel que soit le mode qu'on adopte, il est indispensable de passer à plusieurs reprises sur le terrain un rouleau de fonte double et bien chargé qui rende le sol uni ou qui achève de détruire, par le poids dont il les écrase, les tiges des plantes qu'on a coupées.

La meilleure manière de détruire les joncs et les autres plantes dues à la stagnation des eaux est d'enlever la cause qui les a produits; il faut pour cela assainir le terrain par des saignées faites avec intelligence. On peut y joindre l'emploi de substances salines ou calcaires, qu'il convient de ne mettre en usage que lorsque la terre est très sèche.

La mousse est un fléau qui envahit souvent les prairies humides, fait de rapides progrès et finit par étouffer bientôt les herbes de bonne qualité. Les auteurs ont indiqué plusieurs manières de la détruire; celle que nous avons employée avec avantage consiste à sillonner le pré dans tous les sens à l'aide du scarificateur et à

le couvrir ensuite d'un mélange, préparé long-
temps à l'avance, de fumier de cheval bien con-
sommé et de chaux.

Quelques personnes ont l'habitude de faire
répandre sur les prairies une couche de terre
de quelques millimètres d'épaisseur; cette méthode est avantageuse, surtout dans les terres
légères et qui ont peu de fond.

ENGRAIS.

Les amendemens dont on fait usage pour
améliorer les prairies sont à peu près les mêmes
que ceux qu'on emploie pour les terres labourables : ainsi, les cendres, la poudrette, la
marne, etc., peuvent être employées suivant la
nature du sol.

L'époque la plus favorable pour fumer les
prairies est l'automne.

L'expérience nous a prouvé qu'une petite
quantité de sable répandue sur la surface de
prairies humides contribuait à les améliorer
sensiblement. Cet effet s'explique aisément par
la nature même de cette sorte d'amendement.
Les pluies le faisant infiltrer dans les premières
couches de terre végétale, il en change en quelque sorte la nature, en divise les molécules et

donne ainsi passage aux eaux qui par leur con-
tact prolongé portent de si nuisibles atteintes
aux racines des plantes. A Meudon nous avons
fait mettre environ douze charretées de sable
par arpent, et ce procédé nous a très bien
réussi ; au reste cette quantité dépend évidem-
ment de la nature du terrain.

Nous avons employé avec beaucoup de succès
le sel comme engrais dans les prairies sèches et
situées sur des lieux élevés.

Lorsqu'on fait usage de cet amendement il
faut interdire le pâturage de la prairie aux poulains pendant quelques mois, parce que le sel,
que ces animaux pourraient trouver, les exci-
terait à boire outre mesure, ce qui leur donne-
rait trop de ventre et pourrait même nuire à
leur santé.

L'effet merveilleux que produit le sel sur les
prairies devrait engager le gouvernement à
affranchir de tout impôt celui qui serait employé en agriculture. Outre les avantages que
l'économie rurale retirerait de cette suppression
de droits, les propriétaires de mines dont la position fâcheuse ne saurait manquer d'exciter la
sollicitude de l'autorité, y gagneraient par l'im-
mense développement que prendrait ce genre

6

d'exploitation. Peut-être suffirait-il de diminuer la taxe sans que pour cela les produits de cet impôt diminuassent, à cause de l'accroissement de la consommation qui aurait lieu. Déjà quelques puissances ont adopté de telles mesures, et il serait bien à désirer que la France suivît enfin cet exemple.

Le crottin de cheval est un excellent engrais lorsqu'il est convenablement divisé et répandu; mais quand il est entassé il dessèche et brûle les plantes qu'il recouvre ou qu'il avoisine; aussi faut-il faire enlever avec soin celui que les animaux déposent dans la prairie en pâturant; ou du moins le faire étendre à l'aide d'un râteau, de manière à rendre son action utile et fécondante.

Lorsque le fumier a été porté sur les prairies, il faut le faire soigneusement éparpiller. L'usage du rouleau est fort utile; non seulement il tasse le fumier et le presse autour des racines, mais il nivelle le terrain, ce qui facilite la fauchaison de la prairie; il force les herbes à s'étendre latéralement et par conséquent à ne laisser entre elles aucun intervalle; il rend le terrain plus compacte, ce qui fait qu'il conserve plus longtemps l'humidité si nécessaire à la végétation;

enfin il détruit les vers et autres insectes qui dévo-
rent l'herbe et en attaquent souvent les racines.

Nous ne parlerons pas ici des irrigations dont
la pratique est généralement adoptée dans les
localités favorables ; ces détails nous entraîne-
raient trop loin et sortiraient de notre sujet.

Ce n'est qu'un an après l'établissement d'une
prairie qu'on peut permettre aux animaux d'y
aller pâturer; ils doivent en être sévèrement
éloignés toutes les fois que le sol est humide; la
terre s'affaisse alors sous leurs pas et l'eau qui
séjourne dans ces sortes de cavités donne naissance à des herbes de qualité inférieure.

Un préjugé généralement répandu porte les
éleveurs à réunir dans les mêmes paturages des
jumens, des poulains ou des chevaux, à des
bêtes à corne. On a cru que les herbes qui
étaient recherchées par les uns ne pouvaient
convenir aux autres, et que par cet arrange-
ment tous les produits seraient consommés; on
a même été jusqu'à supposer que les chevaux
mangeaient volontiers les plantes venues autour
de la fiente des bœufs et rejettaient celles qui
avoisinaient leur propre crottin. Ces idées que
rien ne justifiait se sont tellement accréditées
que d'habiles agronomes n'ont pas craint de

déterminer la proportion qui devait exister entre le nombre et l'espèce de ces deux sortes d'animaux, suivant la nature des prairies.

Une observation attentive des faits suffit pour rejeter ces opinions. Nous avons constamment remarqué que les poulains ne dédaignaient que les herbes de mauvaise qualité et qu'ils n'éprouvaient aucun dégoût pour celles qui étaient venues auprès de leur crottin.

Si à cette considération se joignent les dangers que courent les jeunes poulains sans cesse exposés à recevoir des coups de corne, les détériorations occasionnées aux prairies par le poids des bœufs ou des vaches, on sentira qu'il est convenable de séparer ces sortes d'animaux et de les tenir éloignés les uns des autres.

Il est nécessaire de veiller à ce que les chevaux ou poulains ne soient ni en assez grand nombre ni assez long-temps dans les mêmes prairies pour que l'herbe soit broutée trop près du collet des racines; le sol ainsi dépouillé serait desséché en été et frappé par la gelée en hiver. Il faut donc faire passer alternativement les animaux d'un pâturage dans un autre, avant qu'ils l'aient entièrement épuisé.

PLACAGE DES PRAIRIES.

Les Anglais qui sentent toute l'importance des prairies ont mis en usage tous les moyens possibles de s'en procurer; ils ont employé le placage qui consiste à enlever des gazons en mottes de 5 à 6 centimètres (2 pouces environ) d'épaisseur, et à les placer sur des terrains qu'on destine à être convertis en prairies; cette méthode est fort dispendieuse et ne nous paraît devoir être adoptée que pour l'établissement de prairies dans les parcs ou jardins d'agrément. Nous ne la croyons nécessaire que dans les lieux où le sol est sec et aride et entièrement impropre à la végétation.

FAUCHAISON.

L'époque de la fauchaison ne saurait être rigoureusement fixée; elle dépend de la nature des prairies et de l'état de l'atmosphère, elle doit être subordonnée à la maturité des foins. On a presque toujours la mauvaise habitude d'attendre trop long-temps. L'espoir d'avoir une récolte plus abondante engage les cultivateurs à laisser fleurir et même souvent monter en graîne la plupart des plantes de leurs prés. Cette méthode a de grands inconvéniens; les tiges desséchées, dépouillées de leurs feuilles, n'offrent guère qu'une nourriture analogue à celle que fournit la paille, la seconde coupe, ou *regain*, est presque annulée; fatiguées par la floraison et la fructification, les plantes précieuses succombent bientôt et sont remplacées par de mauvaises herbes toujours plus vivaces. La terre elle-même, obligée de fournir les sucs nourriciers nécessaires à la formation et au développement des graines, est épuisée en peu de temps, et si le cultivateur tient à la qualité du foin qu'il recueille, il est obligé de semer de nouveau la prairie, ce qui nécessite des frais et une perte de temps considérable.

Les prairies abondantes et dont l'herbe est très épaisse, doivent être fauchées beaucoup plus tôt que les autres; car il arrive souvent qu'avant que les fleurs aient paru, les tiges ont déjà commencé à jaunir près de la racine; et si l'on tarde quelques jours il est bien difficile ensuite d'empêcher que ce foin ne se gâte.

En général, il faut faire la récolte du foin au moment où la floraison va commencer. Tendres, pleines de sucs nutritifs, les tiges sont alors propres à donner une nourriture succulente et substantielle; et la terre n'étant pas épuisée donne une seconde coupe, inférieure à la première par sa qualité, mais qui peut servir aux poulinières et aux chevaux de service. Cependant nous pensons que dans un haras il est avantageux de ne cueillir que le regain produit par les meilleures prairies et d'abandonner le reste au pâturage.

FENAISON.

La fenaison doit être faite avec le plus grand soin. Il serait à désirer que le foin ne fût pas trop desséché avant d'être mis en meule; il conserverait ainsi ce parfum, cet arôme qui en rend la qualité supérieure; mais il y a tant de risques à courir, tant de chances pour qu'il se gâte, s'échauffe et finisse par s'enflammer, qu'il est prudent d'attendre qu'il soit suffisamment fané.

Plus la température est élevée, plus il est difficile de bien juger le moment où le foin doit être enlevé de la prairie; souvent il parait sec tandis qu'il n'est que crispé et contient encore beaucoup d'humidité. La pratique est le meilleur guide qu'on puisse suivre.

FORMATION DES MEULES.

Quand on s'est assuré que le foin a acquis le degré de dessiccation convenable, on ne saurait mettre trop de promptitude à le rassembler en meules; car le plus souvent sa qualité dépend de la promptitude avec laquelle est faite cette opération.

On a l'habitude de faire botteler le foin sur la prairie: cette méthode est nuisible en ce qu'elle fait perdre un temps précieux et expose la récolte aux variations de l'atmosphère. Le foin se conserve mieux lorsqu'il n'est pas botelé; il est surtout plus facile de le mettre en meules, ce qui est plus économique et plus avantageux que de l'enfermer dans des greniers.

Pour préserver la base des meules de l'humidité du sol, on est dans l'usage de les établir sur un lit de fagots ou d'épines, ce qui ne remplit qu'imparfaitement le but qu'on se propose; il vaut mieux faire établir en quinconce quelques piles de maçonnerie à 48 centimètres (18 pouces) au dessus des terres et à 2 mètres (6 pieds) d'intervalle. On place sur ces piles des madriers qui servent de base à la meule.

Tantôt les meules ont la forme circulaire.

tantôt celle d'un carré long; cette dernière disposition nous paraît préférable, mais l'essentiel
est qu'elles soient bien faites.

Long-temps on a cru qu'il fallait laisser un
vide, une cheminée, au milieu des meules pour
donner un passage aux gaz qui se dégagent du
foin et le préserver ainsi des accidens auxquels
ils peuvent donner lieu; mais on est revenu
aujourd'hui de cette idée et on a supprimé la
cheminée qui ne servait qu'à faire pénétrer
l'humidité dans l'intérieur de la meule.

Il faut choisir un temps sec pour la mise du
foin en meule; il doit être bien étalé, également
foulé et tassé, en donnant toujours au centre
un peu plus d'élévation qu'aux extrémités. A
mesure que la meule s'élève, quelle que soit la
forme qu'on a adoptée, on doit en évaser les
flancs de manière que les eaux puissent s'écou-
ler et être rejetées un peu loin de la base.

On laisse au foin le temps de se tasser, ce qui
exige huit ou dix jours; on le recouvre ensuite d'une couche de chaume épaisse et bien
serrée.

Ainsi disposées, les meules peuvent rester à
l'air plusieurs années sans que le foin éprouve
aucune avarie; néanmoins nous croyons qu'il

est plus avantageux, lorsqu'on le peut, d'avoir des hangars solidement construits.

DES PRAIRIES ARTIFICIELLES.

Les prairies artificielles occupent une place trop importante dans notre agriculture moderne; elles sont d'un usage trop répandu pour que nous puissions nous dispenser d'en parler ici.

Dans plusieurs contrées, elles ont remplacé presque en entier les prairies naturelles et nous pensons qu'à l'aide de soins convenables et de précautions que nous allons indiquer, on peut élever des chevaux dans les départemens où il n'existe que des prairies artificielles. Leur culture est d'autant plus nécessaire dans un haras qu'elles fournissent aux élèves une nourriture adondante et succulente qui au moment de leur croissance seconde admirablement les efforts de la nature. Par leur vertu laxative, elles préservent les chevaux de plusieurs maladies et particulièrement de la gourme, dont elles nous ont donné les moyens d'arrêter les ravages au haras de Meudon.

Les plantes qui composent ordinairement les prairies artificielles sont le trèfle rouge, le sainfoin et la luzerne; on peut y joindre la lupuline minette dorée, la pimprenelle, la grande chicorée, etc. Nous nous bornerons à parler des trois premières, qui sont le plus généralement employées et dont l'usage satisfait abondamment à tous les besoins.

La préparation des terres qu'on destine à être converties en prairies artificielles est la même que celle que nous avons indiquée pour les prairies naturelles : le sol doit être labouré, hersé et uni avec soin.

Les prairies artificielles devant faire partie de tout assolement ou système de rotation de culture raisonné, on les sème après une des récoltes qui ont le plus épuisé le terrain. Leur racine à pivot va chercher profondément sa nourriture; la partie supérieure du sol se repose pendant ce temps et profite de l'humidité qu'entretiennent les tiges nombreuses de ces plantes qui étouffent en outre les mauvaises herbes, en sorte que, après en avoir retiré plusieurs récoltes abondantes, on fait succéder aux prairies artificielles, avec beaucoup d'avantages, des céréales ou autres plantes à racines traçantes qui épuisent les couches supérieures du terrain.

TRÈFLE ROUGE.

Le *trèfle rouge* est semé seul quelquefois, mais le plus souvent mêlé avec du blé, de l'avoine ou de l'orge. Dès qu'on a fait la moisson, le trèfle pousse avec vigueur, et l'année suivante on le fauche au printemps.

Les terres qui conviennent le mieux à la culture du trèfle sont les terres à froment : il vient aussi dans les terres médiocres, mais il y donne des récoltes beaucoup moins abondantes.

Le trèfle ne craint pas l'humidité : on le sème tantôt au printemps, tantôt à l'automne ; nous nous sommes toujours bien trouvés de cette dernière pratique.

La manière la plus sûre de répandre également la graine de trèfle, c'est de se servir de la machine à semer du Northumberland, en apportant quelques légères modifications aux brosses. Nous pensons qu'à l'aide de ce changement, ce semoir peut être employé avec succès pour toute espèce de graine de peu de volume, et que, sans nuire aux produits, on obtiendrait par son emploi une grande économie sur la quantité de semence.

L'usage le plus généralement suivi est de le

semer à la volée. La quantité de semence varie
suivant la nature des terres; le terme moyen est
de vingt-quatre à vingt-cinq kilogrammes (48
à 5o livres) par hectare, environ seize à dix-
sept livres par arpent de Paris.

La durée ordinaire du trèfle est de trois ans;
tous les amendemens lui conviennent; mais on
doit donner la préférence à ceux qui sont ré-
duits à l'état de poussière, et surtout au plâtre
ou gypse qui doit être jeté sur le terrain dans
les premiers jours du printemps.

L'époque de la floraison des plantes est celle
où elles doivent être fauchées. La quantité d'eau
et de suc que renferme la tige du trèfle en ren-
dent la fenaison difficile; il est essentiel de les
laisser bien sécher; cependant il ne convient pas
qu'elles soient exposées trop long-temps à l'ardeur du soleil, parce qu'elles durcissent et se
dépouillent de leurs feuilles. On doit éviter avec
le plus grand soin de laisser le trèfle exposé à la
pluie; dès qu'il est mouillé, il noircit et perd de
sa qualité.

On peut faire consommer le trèfle en vert;
c'est une excellente nourriture. Il faut avoir la
précaution de le faire faucher après que la rosée
s'est évaporée et de le laisser se ressuyer quel-

ques heures, sans attendre trop long-temps, car il entre bientôt en fermentation.

Il faut accoutumer peu à peu les animaux à ce genre de nourriture, qui pourrait leur occasionner des accidens s'ils y étaient soumis trop brusquement.

Il faut bien se garder de laisser pâturer les chevaux dans un champ de trèfle qui n'a pas encore été fauché ; ces animaux en sont tellement avides qu'ils en mangent en grande quantité. Cette plante qui, comme nous l'avons dit, contient beaucoup d'humidité, entre en fermentation dans l'estomac ; le gaz acide carbonique qui se dégage en grande quantité gonfle les viscères de l'animal, lui occasionne de fortes coliques et souvent la mort.

Lorsqu'on aperçoit les premiers symptômes de ce mal, qu'on désigne sous le nom de *météorisation*, il faut faire courir le cheval ou le plonger dans l'eau ; mais le remède le plus infaillible, c'est d'introduire dans l'estomac une base salifiable qui s'empare instantanément du gaz acide carbonique, produit un grand vide et sauve l'animal. On emploie avec succès pour cette opération une dissolution d'ammoniaque ou de potasse, ou bien de l'eau de chaux.

Lorsque le trèfle a été fauché, on peut sans danger le laisser pâturer par les élèves; cependant, pour plus de sécurité, il vaut mieux attendre que la rosée ait été dissipée.

SAINFOIN.

Le sainfoin, le plus nutritif de tous les fourrages artificiels, a un grand avantage sur le trèfle, c'est qu'il n'occasionne aucun des inconvéniens que nous venons de signaler; aussi est-il préférable, surtout pour le pâturage. Il prospère dans les terres sablonneuses, légères ou crayeuses; il se sème aux mêmes époques que le trèfle et le plus souvent mêlé avec de l'orge ou de l'avoine.

La graine en est très volumineuse. On évalue à 300 kilog. (600 livres) la quantité qui doit être semée par hectare, ou environ 100 kilog. (200 livres) par arpent.

Le sainfoin dure plusieurs années; il faut surtout éviter de le laisser trop long-temps sur pied avant de le faucher; ses tiges perdent leurs feuilles et deviennent ligneuses. On le conserve très bien en meules.

LUZERNE.

La luzerne exige un terrain fertile; elle re-
doute l'excès de sécheresse et d'humidité; sa
graine ressemble à celle du trèfle; on la sème
aux mêmes époques et de la même manière;
cependant il est rare qu'on la cultive en même
temps que le blé, le plus souvent on la sème
seule. La quantité de graine qu'on emploie est
la même que celle que nous avons indiquée
pour le trèfle. Nous ferons remarquer à ce sujet qu'il y a beaucoup moins d'inconvéniens à
la semer drue qu'à la semer claire. Lorsqu'elle
couvre entièrement le sol, elle étouffe les mauvaises plantes, et s'il y a trop de pieds, les plus
vigoureux ont bientôt fait périr les autres, et
dès la seconde année elle est au point où elle
doit être.

La luzerne donne trois coupes abondantes et
quelquefois quatre par an. Sa durée varie suivant la nature du sol; elle est ordinairement de
7 à 8 ans. Mangée en vert, elle offre le même
danger que le trèfle. C'est un excellent fourrage
sec, très propre à la nourriture des chevaux et
économique, parce qu'en l'employant, on peut
aisément diminuer la ration d'avoine de chaque
animal.

Une excellente manière de faire consommer les produits de la luzerne, consiste à la mêler, au moment de la fenaison, avec de la paille de froment; cette dernière absorbe une partie de l'humidité de la luzerne et contracte un goût et un parfum qui la font rechercher avidement des chevaux.

On peut, en formant les meules, mettre alternativement une couche de paille et une couche de luzerne.

CONCLUSION.

Les principes que nous venons de développer sont les mêmes que ceux que nous avons déjà publiés sur cette matière dans notre premier mémoire, et comme ils donnent lieu aux mêmes conclusions, nous croyons inutile de les répéter ici, et nous nous contenterons d'ajouter : qu'il résulte des considérations auxquelles nous venons de nous livrer, que, pour remplir le but de son institution, l'administration actuelle des haras n'a qu'un moyen à employer, c'est de consacrer à l'établissement d'un certain nombre de haras les fonds qui lui sont alloués. Sans froisser en aucune manière les intérêts des employés de l'administration on peut leur assigner des fonctions analogues à ce nouveau mode d'opérer.

Les inspecteurs deviendraient alors directeurs; quelques autres modifications, peu importantes,

devraient être faites dans les attributions des
autres agens. L'extension que prendra nécessairement la surveillance que le gouvernement
doit exercer sur cette branche d'économie rurale, permettra aisément de donner de l'avance-
ment à ceux des employés dont on aura le plus
à se louer. Si indépendamment de l'établissement du haras que nous avons proposé on au-
torise les conseils généraux de préfecture à
voter, suivant les localités, quelques centimes
additionnels pour l'établissement et l'entretien
de haras, ou de dépôts d'étalons, la France sera
bientôt abondamment pourvue de chevaux entiers de pur sang et l'amélioration de l'espèce
chevaline, qu'on cherche à atteindre depuis si
long-temps, ne tardera pas à justifier nos pré-
visions ; mais, avant tout, nous aimons à repor-
ter vers le trône nos vœux et nos supplications,
parce que nous avons la conviction intime que
si S. M. daigne prêter son appui à nos projets
en autorisant dans ses domaines la création
d'un ou deux haras modèles, elle entraînera
le reste de la nation, et chaque département
s'empressera de suivre l'exemple d'un souverain
qui a déjà tant de droits à l'amour et à l'affection
de son peuple.

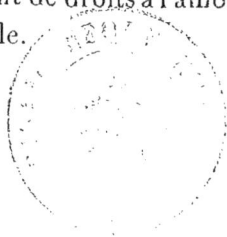

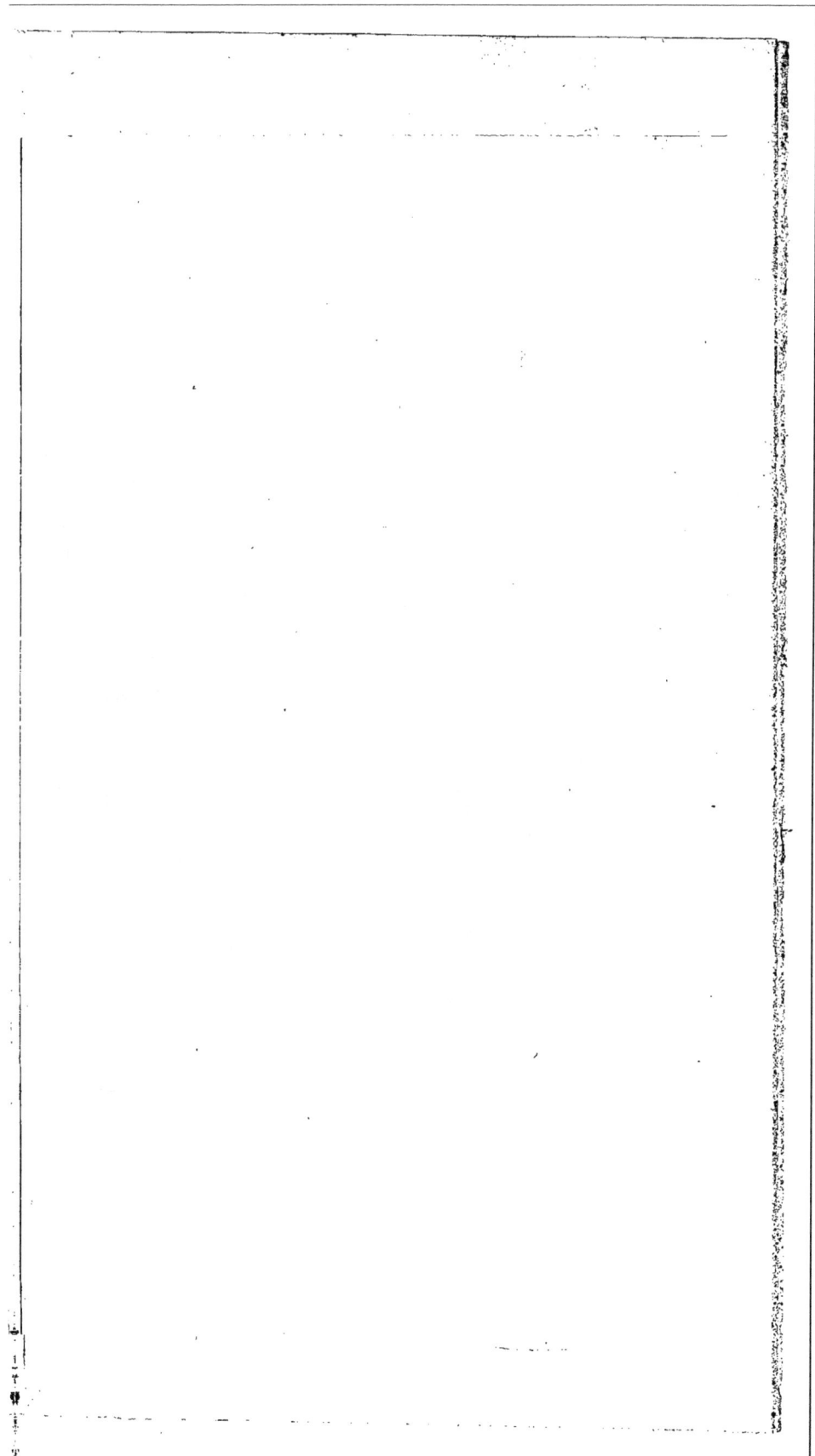

PLA

D'UN PROJET

établi sur un terrain

et destiné à contenir 3 Étalons, 50 Ju

Élévation sui

Légende

A *Maison du Directeur.*
B *Écuries des Jumens.*
C *Écuries des Étalons.*
D *Écurie pour 12 Chevaux de service.*
E *Dépendances.*
F *Trous à Fumier.*
G *Pompes et Auges.*
H *Terrains de Parcours des Jumens.*
I *Terrain de Saillie pour les Étalons.*
J *Carrière pour dresser les jeunes Chevaux.*
K *Jardin du Directeur.*

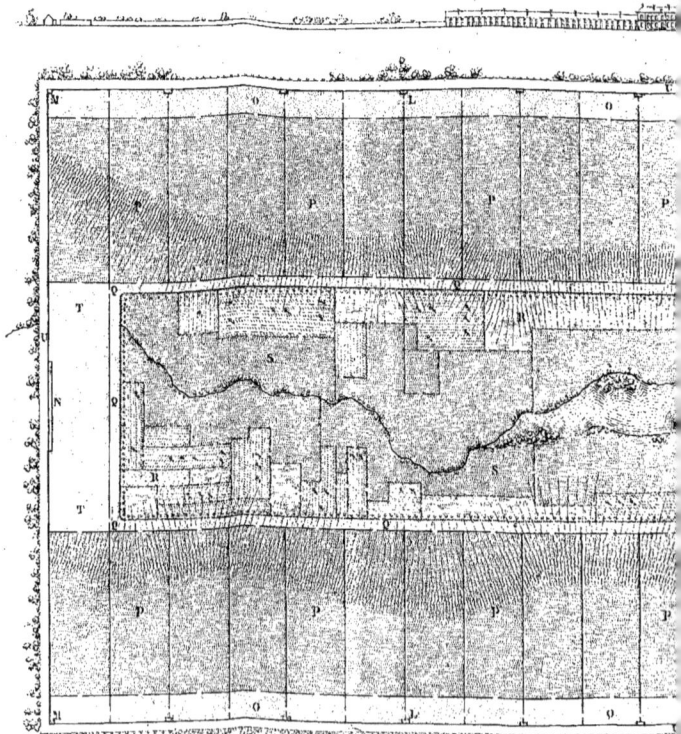

Atelier de Desnauts fil. aine

Echelle de 3 Mè

Légende

L *Ecuries isolées, destinées aux Poulins.*
M *id.   id.   destinées aux Poulins blessés.*
N *Infirmerie pour les Maladies Contagieuses.*
O *Terrains de Parcours des Poulains.*
P *Enclos en prairie pour les Poulains.*
Q *Chemins de Parcours, pouvant servir d'Hippodrome.*
R *Terrains cultivés et entourés de Haies.*
S *Prairies naturelles.*
T *Terrain de Parcours de l'Infirmerie.*
U *Chemin de Ronde.*

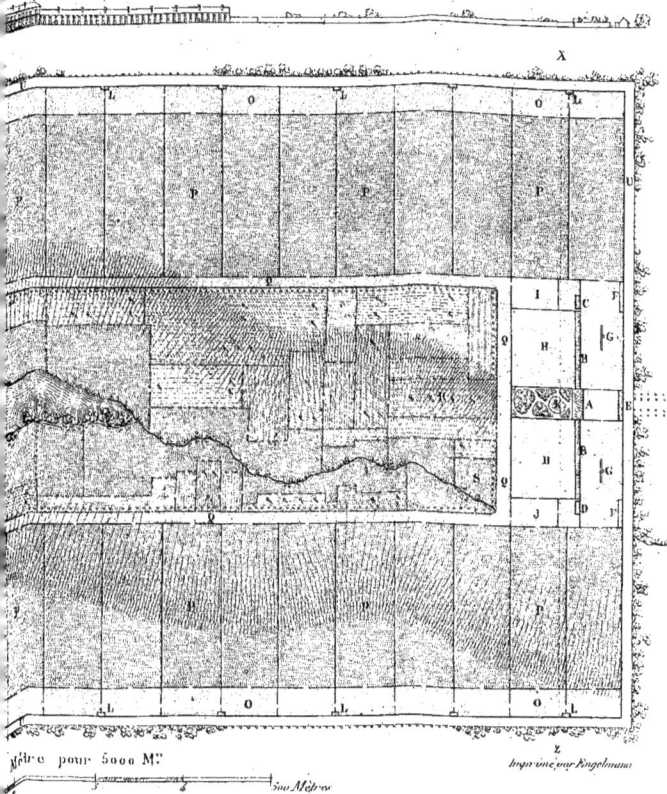

Métre pour 5000 M².   500 Métres

Z
Imprimé par Engelmann.

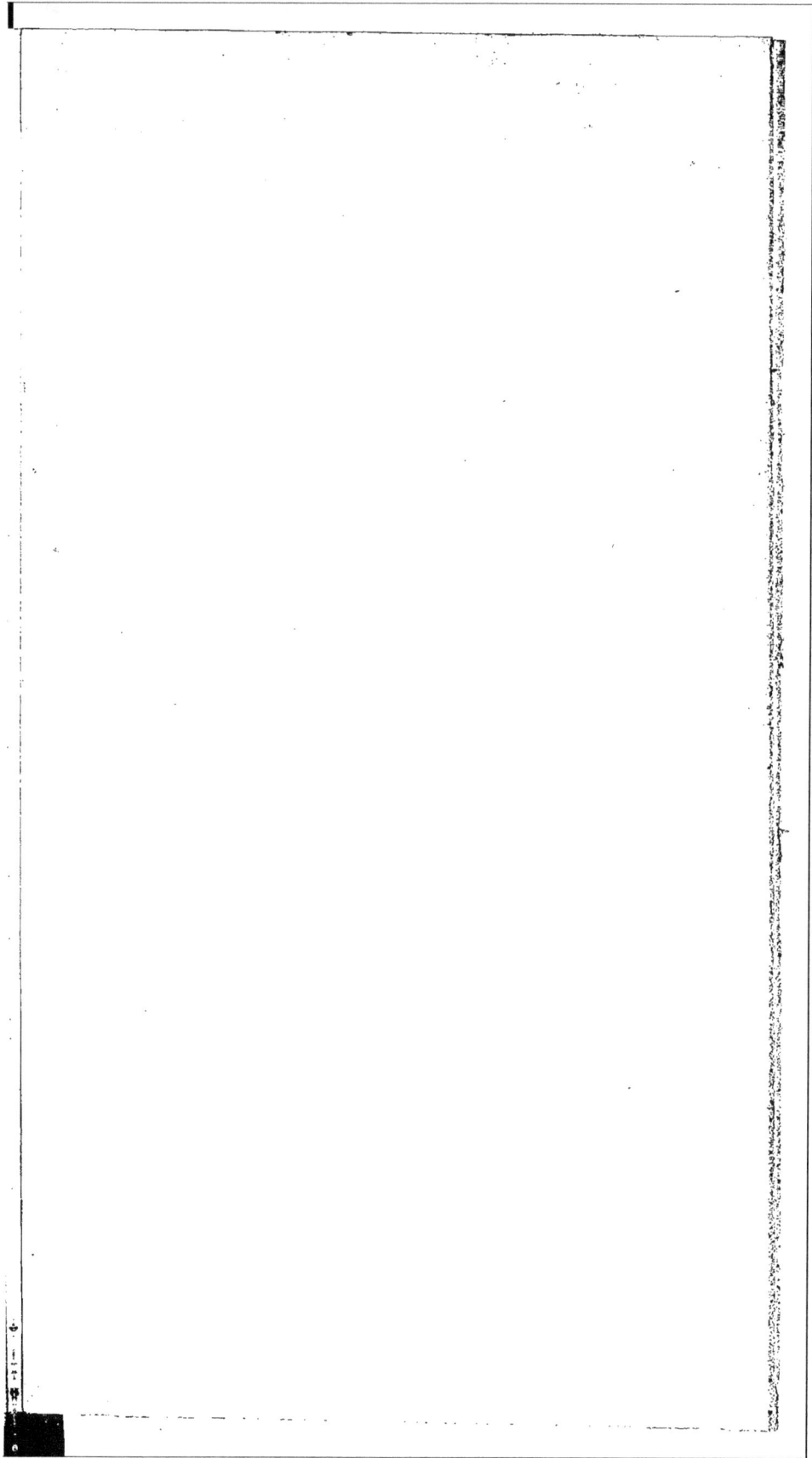

Élévation de la maison du Directeur,
prise du côté du Jardin.

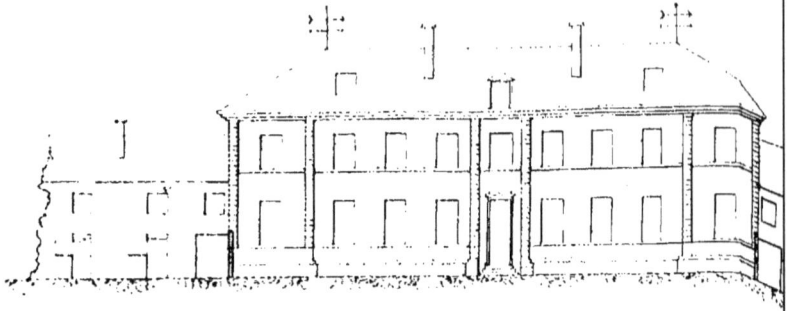

Dépendances

| Forge | Cuisine | | Dépôt | lieux | Pharmacie |

Cour

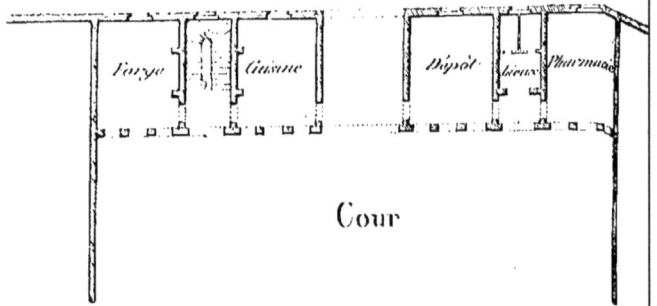

Maison du Directeur.
Plan du Rez-de-chaussée.

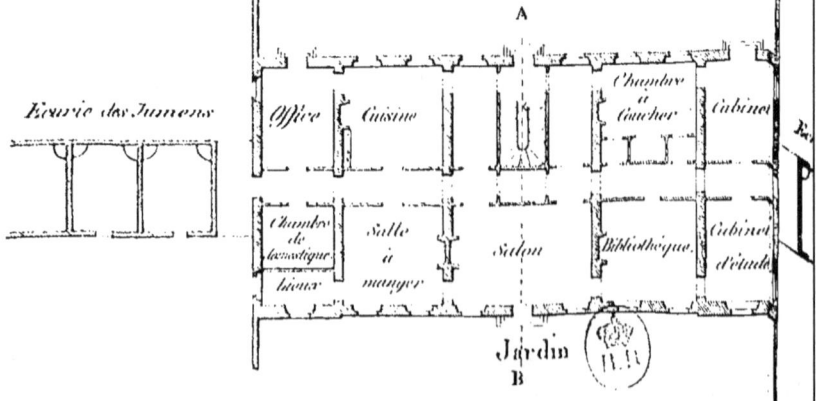

A

| Écurie des Jumens | Office | Cuisine | | Chambre à coucher | Cabinet |
| | Chambre de domestique lieux | Salle à manger | Salon | Bibliothèque | Cabinet d'étude |

Jardin
B

Atelier lith. de A. Desmadryl ainé.

COUPES ET ÉLÉVATIONS DES BÂTIMENS.

Coupe
suivant AB

Élevation d'une écurie isolée.

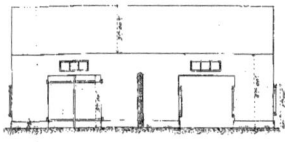

Toiture des Dépendances

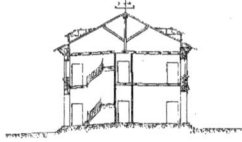

Cour

Coupe
suivant AB

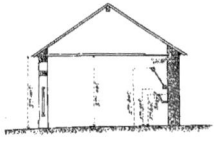

Maison du Directeur

Plan du 1ᵉʳ étage.

Plan d'une écurie isolée.

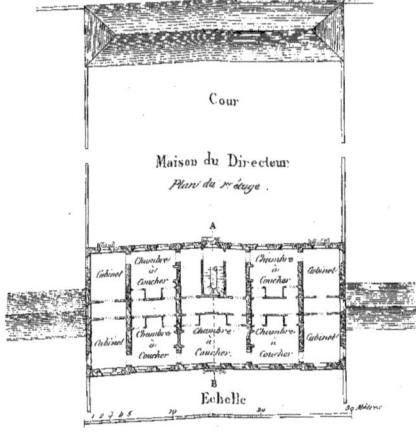

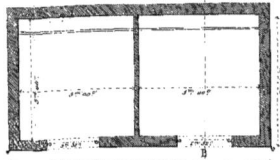

Échelle

Ingʳ de Engelmann.

DÉTAILS DES CLOTURE

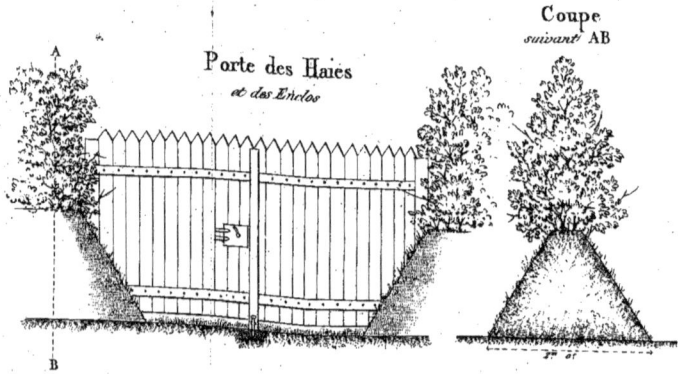

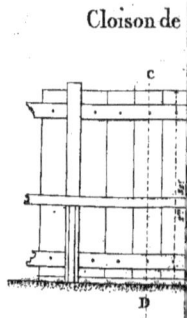

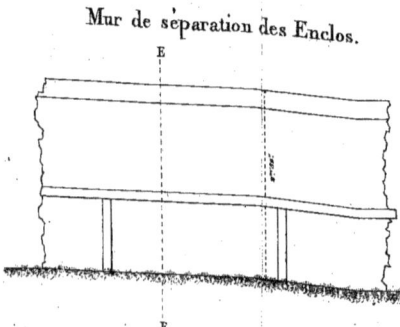

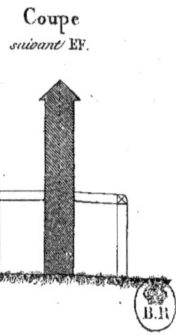

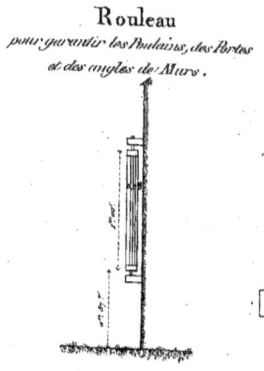

Porte des Haies
et des Enclos

Coupe
suivant AB

Cloison de

Rouleau
pour garantir les Poulains, des Portes
et des angles de Murs.

Mur de séparation des Enclos.

Coupe
suivant EF.

Lith de A. Decorath, ainé, Passage Ste Croix de la Bretonnerie, N° 11.

de séparation des Enclos

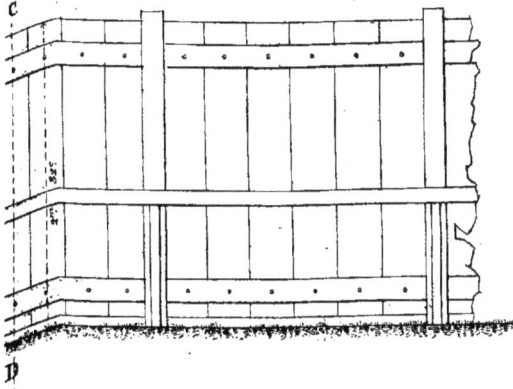

Coupe.
suivant C D

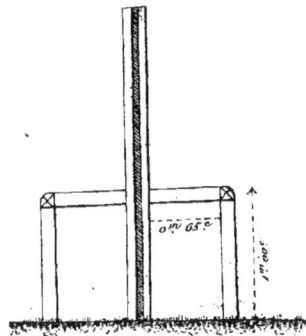

c

D

0^m 65^c

Guichet des Portes.

servant à passer la main pour ouvrir le Verrou au dessous.

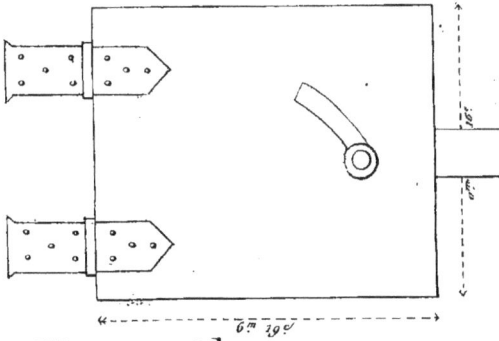

rtes

0^m 19^c

Verrou rond *fermant les Portes.*

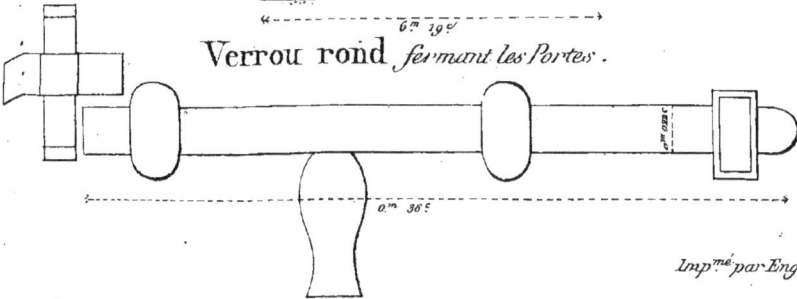

0^m 36^c

Imp^{mé} par Engelmann.

www.ingramcontent.com/pod-product-compliance
Lightning Source LLC
Chambersburg PA
CBHW071202200326
41519CB00018B/5335